KB043381

문해력을 키우는
알파세대 독서법

문해력을 키우는

알파세대
독서법

박희정 지음

스마트폰 대신 책에 스며들기

한울림

사랑을 먹으며 자라는 문해력

책은 작가가 독자에게 보내는 러브레터다. 작가는 독자를 사모하는 마음으로 한 자 한 자 마음을 담아서 책을 쓴다. 나 역시 엄마 아빠가 아이들과 함께 책을 읽고 삶의 가치를 이야기하길 바라는 마음에서 러브레터를 썼다.

작가의 러브레터를 엄마 아빠가 정성을 다해 읽어줄 때 아이들은 두 눈을 반짝이며 이야기에 귀 기울인다. 엄마 아빠도 책을 읽어주면서 아이들과 즐거운 추억을 쌓는다. 아이와 무얼 하며 시간을 보내야 할지 모르는 부모들에게 책만큼 좋은 놀잇감은 없다.

우리 엄마도 나에게 매일 책을 읽어주셨다. 손재주가 있다거나 재미있게 놀아주는 방법을 알진 못하셨지만, 하루도 빠짐없이 책을 읽어주고 카세트테이프로 이야기책을 들려주었다. 매일 밤 동생과 함께 책 읽어주는 목소리를 자장가 삼아 잠이 들었다. 그 시절에도 어릴 때부터 책과 친해져야 나중에 공부도 잘하고 성공할 거라고 생각하셨던 것 같다.

30년 전이나 지금이나 부모들은 아이가 책을 좋아하길 바란다. 아기일 때는 '건강하게만 자라다오'라는 일념으로 잘 먹고 잘 자고 잘 싸는 것으로 만족하는데, 아이가 크면서 남보다 똑똑하고 특별하게 자라길 바란다. 그러다 보니 많은 부모가 특별한 교육 서비스를 제공한다는 영재교육원이나 영어 유치원, 사립 초등학교에 아이를 보내고 싶어 한다. 그런데 이런 부모의 바람과는 달리 현실에서는 초등학교에 입학하고 나서 수업을 따라가지 못해 답답해하는 아이들이 늘어나고 있다고 한다.

왜 그럴까? 수업을 따라가기 벅찬 아이들이 늘어나는 결정적인 이유는 교과서 내용을 습득할 어휘력과 이해력이 부족하기 때문이다. 어휘력과 이해력을 높이는 가장 좋은 방법은 책을 읽고 생각하는 시간을 갖는 것이지만, 아이들이 가장 오랜 시간을 보내는 가정에서 책보다는 미디어와 디지털 콘텐츠에 노출되는 시간이 많다 보니 당연히 글을 읽고 이해하는 능력인 문해력이 떨어질 수밖에 없다.

초등학교에 들어가기 전에 받아쓰기를 연습시키고, 알파벳과 수 개념을 가르치기에도 바쁜 부모들이 아이들의 독서 생활까지 챙기기란 쉽지 않다. 그렇지만 결코 가볍게 볼 수 없는 문해력 문제를 생각했을 때 아이들이 책을 읽고 생각할 시간을 확보하기 위한 부모들의 적극적인 노력이 필요하다.

오랫동안 스마트 기기를 재미있고 유익하게 사용할 수 있도록 책을 활용한 교육용 디지털 콘텐츠를 기획하고 서비스하는 일을 담당해왔다. 그런데 일을 하면 할수록 지금 시대에 중요한 것은 글을 읽고 이해하는 능력과 스마트 기기를 지혜롭게 활용하는 일이라는 것을 절실하게 느꼈다.

그래서 교육용 디지털 콘텐츠를 기획하며 공부하고 연구

한 결과와 독서코칭 세미나를 진행한 경험을 바탕으로 알파세대 독서법을 이 책에 담았다. 디지털 시대를 살아가는 아이들이 책과 친해지려면 어떻게 하면 좋을지 고민하는 부모님들에게 도움이 되길 바란다.

이 책은 총 2부 구성으로 1부에서는 이론을, 2부에서는 실천을 중심으로 1인 미디어 시대를 살아가는 알파세대를 위한 차별화된 독서교육법을 이야기한다. 좀 더 자세히 살펴보면 1부에서는 디지털 네이티브인 알파세대가 어떤 특성을 지니고 있는지, 미래를 살아갈 알파세대 아이들에게 문해력이 어떤 의미인지를 객관적인 자료를 토대로 알아본다. 또 스마트폰 대신 책과 친해지는 구체적이고 실질적인 방법들을 제안한다. 2부에서는 알파세대 아이들을 발달 단계 특성에 따라 4단계로 나누고, 각 발단 단계에 적합한 독서 전략을 예시를 들어 자세히 설명한다. 아울러 읽기 수준

별로 아이가 재미있게 읽을 만한 책도 추천한다.

아이가 책은 멀리하고 스마트폰만 들여다봐서 걱정이 이
만저만이 아닌 부모님께 꼭 해주고 싶은 말은 책을 좋아하
는 아이는 타고 나지 않는다는 것이다. 아이에게 책 읽는 습
관을 길러주기 위해서는 엄마 아빠의 꾸준한 관심과 노력이
필요하다.

아이의 독서 습관은 하루아침에 만들어지지 않는다. 아이
눈높이에 맞는 재미있는 책을 엄마 아빠와 매일매일 함께
읽을 때 자연스럽게 책을 좋아하는 아이로 자란다. 그러니
'알파세대 문해력은 엄마 아빠의 사랑을 먹으며 자란다'라는
말을 굳게 믿고, 오늘도 아이와 함께 작가가 전하는 러브레
터에 푹 빠지길 바란다.

박희정

차례

 ## 알파세대와 책 읽기

알파세대, 스마트폰 네이티브의 등장   16

디지털 시대, 문해력이 왜 이슈가 되었나   29

알파세대에게 더 중요한 책 읽기   56

2부 알파세대를 위한 독서코칭

1부

알파세대와
책 읽기

알파세대,
스마트폰 네이티브의 등장

엄마	밥 먹을 시간이야. 식탁으로 와.
연우	엄마, 10분 남았어.
엄마	뭐가?
연우	지금 보는 거 10분 남았어.
엄마	그만 보고 밥 먹자.
연우	안 돼. 방금 새로운 장난감을 열었어. 그거 봐야 해.
엄마	밥 먹고 다시 보면 되지.
연우	안 돼! 아직 남았다고!

저녁 시간마다 영상을 끝까지 보려는 아이와 엄마 사이에 전쟁이 벌어진다. 엄마는 5세 여자아이의 시선을 붙잡아두는 장난감 개봉 동영상을 이길 방법이 없다. 만약 또래 남자아이의 집이었다면 자동차나 로봇이 나오는 영상을 보느라

밥은 나중에 먹어도 된다며 옥신각신했을 것이다. 알파세대 자녀를 둔 가정의 평범한 일상이다.

2010년 이후에 태어난 알파세대 Generation Alpha 는 유튜브 세대이자 AI 원주민이라고 불리는 세대다. 호주의 사회학자 마크 맥크린들 Mark Mccrindle 이 2008년에 처음 정의한 용어로 Z세대 이후 나타난 새로운 세대에게 붙일 마땅한 이름이 없어 고대 그리스 알파벳의 첫 글자인 알파를 따서 이름을 붙였다고 한다.

태어날 때부터 스마트폰을 접하고 디지털 콘텐츠를 소비하는 알파세대를 흔히 유튜브 세대라고도 부르는데, 그 이유는 TV 채널을 돌려가면서 영상을 시청했던 부모 세대와는 확연히 다른 시청 스타일을 보여주기 때문이다.

알파세대는 방송국에서 틀어주는 대로 영상을 시청하지 않는다. 자신이 선호하는 콘텐츠를 유튜브나 다양한 OTT Over The Top, 이하 OTT 플랫폼을 이용해 원하는 시간에 편한 방식으로 소비한다. 알고 싶은 것이 생기면 책이나 인터넷에서 찾아보는 대신 동영상 플랫폼에서 검색한 뒤 디지털 콘텐츠로 학습한다.

재미있고 다양한 콘텐츠를 손쉽게 소비할 수 있는 환경은 지식을 능동적으로 탐구할 수 있게 만들어준 반면에 디지털 미디어에 대한 과의존과 중독의 위험을 높였다. 빨간 버튼 아이콘만 누르면 사용자가 좋아할 만한 영상을 AI 알고리즘을 기반으로 연달아서 보여주니 도중에 영상을 끊기가 쉽지 않다. 아무도 간섭하지 않으면 24시간 내내 잠도 자지 않고 밥도 먹지 않으면서 좋아하는 영상에 빠져들 정도다.

아이들은 좋아하는 영상을 보기 위해, 필요한 정보를 얻기 위해, 친구들과 소통하기 위해 스마트폰을 손에서 놓지 못한다. TV 대신 스마트폰으로 영상을 보고, 게임기 대신 스마트폰으로 게임을 하는 게 더 익숙한 아이들. 이들 알파세대를 다른 말로 정의하자면 '스마트폰 네이티브'라고 하겠다.

알파세대,
그들은 누구인가

스마트폰 네이티브인 알파세대의 특징은 무엇일까?

첫째, 알파세대는 태어난 순간부터 스마트폰을 접하는 세대다. 글자를 익히거나 책을 읽는 것보다 화면을 보고 넘기며 터치하는 것을 먼저 배운다. TV 대신 스마트 기기로 다양한 동영상을 시청하며 성장한다. 단순히 보는 것에서 그치지 않고 콘텐츠를 직접 생산하기도 하는데, 키즈 유튜버로 활동하거나 SNS 계정을 열고 실시간 스트리밍을 하면서 수익을 내기도 한다. 로블록스나 제페토 같은 메타버스 플랫폼에서 아바타를 만들어 게임을 하고 아이템을 모으면서 삶의 터전을 가상 세계로까지 확장한다.

둘째, 알파세대는 학교에 가지 않고 화상을 통해 비대면으로 학교 수업을 들은 첫 번째 세대다. 스마트 기기로 영상을 보고 전자책을 읽고 오디오북을 들으며 지식을 습득하는 게 자연스러운 아이들은 궁금한 것이 생기면 동영상 플랫폼에서 검색해본다. 관심 있는 주제를 검색하고 관련 영상을 찾아보면서 해당 분야에 관해 주도적으로 탐구한다. 책을 읽고 강의를 들으면서 학습했던 기존 세대와 다른 방식으로 지식을 습득하는 것이다. 댄스에 관심이 많은 아이는 댄스 영상을 검색해서 춤을 따라 추고, 그림을 그리고 싶으면 영상에서 배워 그림을 그린다.

셋째, 알파세대는 대면 소통보다 비대면 소통에 더 익숙하다. 친구들과 직접 만나 놀면서 대화의 기술을 익히는 것보다 SNS나 메신저로 이야기할 때 더 편안함을 느낀다. 직접 만나더라도 스마트폰으로 게임을 하고 영상을 보면서 디지털 문화를 향유한다. 또 사진이나 영상을 찍어 SNS에 추억을 저장한다.

넷째, 알파세대는 주로 디지털 화폐를 사용한다. 용돈도 현금보다는 용돈카드를 통해 받는 경우가 많다. 그러다 보니 실물 화폐보다 카드나 간편결제 서비스를 이용하는 데 익숙하다. 금융과 기술이 결합한 핀테크 Fintech가 일상이 되면서 향후 실물 화폐를 사용하지 않는 첫 세대가 될 수도 있다.

다섯째, 알파세대는 밀레니얼세대를 부모로 두었다. 밀레니얼세대는 1981년부터 1996년 사이에 태어난 세대를 말하는데 청소년 때부터 인터넷과 PC 게임을 통해 디지털 환경에 익숙해 그 이전 세대와 달리 새로운 기술에 대한 거부감을 덜 느낀다. 그래서 자녀들이 디지털 기기를 사용하는 것에도 관대한 편이다. 알파세대를 자녀로 둔 밀레니얼세대 부모들은 아이들에게 AI 스피커로 동요나 동화를 들려주고 스마트폰이나 태블릿, IPTV로 캐릭터 애니메이션이나 한글 또는 외국어 학습을 돕는 영상을 보여준다. 또 성인이 된 이후에 스마트폰을 접해서 유아동기에 과도하게 미디어에 노출되었을 때 생길 수 있는 부작용을 직접 경험해보지 못했다. 그 때문인지 몰라도 아이들이 디지털 디바이스를 사용하는 것을 걱정하기보다 신기술이 낳은 새로운 라이프 스타일이라고 생각하는 경향이 있다.

코로나19 팬데믹이 촉발한 스마트폰 과의존

2020년 1월 육아정책 연구소가 발표한 〈영유아의 스마트 미디어 사용 실태 및 부모 인식 분석〉 보고서에 따르면 만 12개월 이상 6세 이하 영유아의 스마트 미디어 이용률은 53.9퍼센트였으며, 최초 사용 시기는 만 1세(12~24개월 미만)가 45.1퍼센트로 가장 높게 나타났다. 영유아 자녀에게 스마트 기기를 허용하는 가장 큰 이유는 '아이에게 방해받지 않고 다른 일을 하기 위해(31.1퍼센트)', '아이를 달래기 위해(27.7퍼센트)', '아이가 좋아해서(26.6퍼센트)' 등으로 조사됐다. 조사에 응한 부모 중 절반은 '필요할 땐 스마트폰을 사용해도 된다'고 답했다. 이 결과를 봐도 미디어에 익숙한 밀레니얼세대 부모들은 자녀들이 스마트 기기를 사용하는 것에 비교적 관대하다는 사실을 엿볼 수 있다.

한국언론진흥재단의 〈2020 어린이 미디어 이용 조사〉 보고서에 따르면 만 3~9세 아이들의 미디어 노출 시간이 하루 평균 4시간 45분으로 조사됐다. TV를 시청하는 시간이 2시간 이상으로 가장 길었고, 스마트폰 사용 시간이 1시간 20분, 태블릿 PC 사용 시간이 48분으로 그 뒤를 이었다. 특히 만 3~4세의 미디어 노출 시간은 4시간 8분으로 세계보건기구 WHO의 권고 기준인 1시간보다 4배나 많았다. 게다가 만 6~8세의 경우 80퍼센트가 넘는 아이들이 하루도 빠짐없이 스마트폰을 사용하는 것으로 나타났다. 스마트폰으로는 주로 동영상을 보는데, 특히 유튜브를 많이 이용하는 것으로 조사됐다.

코로나19 팬데믹 사태를 겪으며 알파세대의 디지털 기기 친밀도와 의존도는 더욱 높아졌다. 유례없는 전염병 사태로 외부 활동이 줄고 비대면 문화가 확산하면서 스마트폰을 사용하는 시간이 큰 폭으로 늘어난 탓이다. 스마트폰 과의존 상태에 놓인 아이들이 증가하면서 사회성과 언어 발달, 문해력 부족 현상이 사회문제로까지 떠올랐다. 스마트폰 사용을 줄이려는 부모와 스마트폰을 자유롭게 쓰고 싶은 아이들 사이의 전쟁에 코로나19 사태가 기름을 부은 셈이다.

문해력을 갉아먹는 스마트폰 중독

과도한 스마트폰 사용이 아이들의 전인적 발달과 문해력에 부정적인 영향을 미친다는 주장이 계속해서 제기되고 있다. EBS에서 방영된 〈문해력 유치원〉과 〈당신의 문해력〉에 출연한 전문가들은 직접 말하고 움직여야 뇌가 균형 있게 발달할 수 있고, 뇌의 모든 영역이 골고루 발달하려면 다양한 자극이 필요하다고 말한다. 특히 책을 읽고 이해하는 능력을 키우기 위해서는 뇌의 여러 영역을 활발히 사용하는 활동을 계속해 나가야 한다는 것이다.

〈당신의 문해력〉에서는 아이들이 영상을 시청할 때의 뇌를 촬영해서 보여줬는데 인지능력과 관련해 중요한 역할을 하는 전전두엽이 별로 활성화되지 않는 것으로 나타났다. 이 사실을 눈으로 확인한 부모들은 큰 충격을 받았다. 비슷한 시기에 스마트폰에 중독되어 이상행동을 보이는 아이들을 다룬 프로그램들이 앞다투어 방영되면서 아이들을 스마트폰에 맡겨두면 안 되겠다는 자성의 목소리가 높아졌다. 아울러 유아동 시기 스마트폰 과의존의 위험성에 대한 전문가들의 경고도 꾸준히 이어지고 있다.

과학기술정보통신부와 한국지능정보사회진흥원이 실시한 〈2020년 스마트폰 과의존 실태조사〉에 따르면 우리나라 스마트폰 이용자(43만 8천 명) 중 23.3퍼센트가 스마트폰 과의존 위험군으로 나타났는데, 이는 2013년에 처음 조사를 시작한 이후 가장 큰 폭으로 상승한 수치라고 한다. 유아동의 과의존 위험군 비율은 27.3퍼센트였고, 청소년의 과의존 위험군 비율은 35.8퍼센트로 가장 높은 수치를 기록했다. 여성가족부가 초등 4학년, 중등 1학년, 고등 1학년 학생 127만 2,981명을 대상으로 실시한 〈청소년 인터넷·스마트폰 이용습관 진단조사〉 결과에서도 22만 8,891명이 인터넷 과의존 위험군으로 나타났다.

대한소아청소년정신의학회가 정신건강의학과 전문의들을 대상으로 유아동과 청소년의 스마트폰 사용에 대한 의견을 물어본 결과, 응답자 대부분이 사용에 제한이 필요하다고 답했다. 그 이유로는 자기조절능력과 통제력 부족을 꼽았으며, 권고 시간보다 과도하게 스마트폰을 사용했을 경우 중독, 유해 자극, 위험 상황에 노출될 수 있음을 우려했다. 전문의들은 평일을 기준으로 초등학생 55분, 중학생 97분, 고등학생 115분이 한계 시간이며, 주말에는 초등학생 80분, 중학생 136분, 고등학생 158분을 넘지 않도록 해야 한다고 권고한다.

세계보건기구는 2019년 4월 어린이의 스마트폰 사용과 관련한 가이드를 처음으로 발표했다. 2~4세 아이는 하루 1시간 이상 스마트 기기 화면을 계속 봐서는 안 되고, 1세 이하는 아예 스마트 기기에 노출되는 일이 없도록 해야 한다는 것이다. 미디어미래연구소 전주혜 팀장이 2019년 12월 한국인터넷윤리학회 추계학술대회에 발표한 〈유아 스마트폰 과의존 이용 실태와 윤리교육〉에 따르면, 대만에서는 0~2세 영아의 디지털 기기 사용을 금지하고 있고, 2~18세 사이의 어린이가 디지털 기기 사용에 과몰입하면 부모 및 보호자에게 약 175만 원의 벌금을 부과한다고 한다.

캐나다에서도 0~2세 영아를 대상으로 모든 영상물 기기의 노출을 금지하고 있으며, 미국 소아과학회에서는 18개월 미만 아이에게 디지털 기기를 사용하지 말 것과 19~60개월 영유아는 하루 30분~1시간으로 사용에 제한을 둘 것을 권고하고 있다.

스마트폰 사용에 대해 전문가들이 한목소리로 이야기하는 것이 있다. 아이들의 경우 부모가 개입해 적절한 스마트폰 사용법을 익히도록 도와야 한다는 것이다. 특히 만 2세가 될 때까지 아이에게 아예 스마트폰을 보여주지 말라고 강력히 권고한다. 한창 뇌가 발달해야 하는 영유아 시기에 영상에 지나치게 노출되면 아이들의 언어와 인지능력 발달이 늦어질 수 있기 때문이다. 스마트폰을 접하는 시기가 어리면 어릴수록 공감과 소통능력에도 문제가 생기는데 사람보다 기계를 상대하는 게 더 편하다고 느껴 양방향 소통에 어려움을 겪을 수 있다.

마이크로소프트 창업주 빌 게이츠와 애플의 창업주 스티브 잡스는 자녀들의 스마트 기기 사용을 엄격하게 통제한 것으로 유명하다. 이들뿐만 아니라 미국 실리콘밸리의 CEO들 역시 5세 이하 자녀에게는 스마트폰 사용을 금지하고, 10~13세까지는 사용 시간을 제한한다고 밝혔다. IT 전문가라서 스마트폰 중독의 위험성을 그 누구보다 잘 알고 있기 때문이다.

전문가들의 의견에 따르면 만 12세 이하 어린이의 스마트폰 중독이 정서적·신체적·지적 발달에 부정적인 영향을 미칠 수 있다고 지적한다. 특히 영유아 때 디지털 콘텐츠 등 미디어에 지속적으로 노출되면 좌뇌와 우뇌가 균형 있게 발달하지 못하고, 아이의 언어능력과 기억력뿐만 아니라 전반적인 뇌 기능까지 저하된다는 것이다. 또 스마트폰에 중독되면 충동적인 행동이 많아지고 증상이 심해지면 주의력결핍과잉행동장애ADHD, 틱장애, 발달장애 등으로 이어질 수 있다고 경고한다.

디지털 시대,
문해력이 왜 이슈가 되었나

유네스코UNESCO는 문해력을 "다양한 맥락과 연관된 인쇄 및 필기 자료를 활용해 정보를 찾아내고, 이해하고, 해석하고, 만들어내고, 소통하고, 계산하는 능력"이라고 정의한다. 다시 말해 문해력은 종이에 쓰인 글을 읽고 이해하는 것을 넘어 무언가를 스스로 만들어내는 종합적인 능력이다. 제4차 산업혁명 시대를 맞아 디지털 기술이 빠르게 발달하고 있는 가운데 문해력의 중요성이 재조명받고 있다.

빅데이터와 AI, 메타버스 등 가상과 현실이 뒤섞인 세상에서 단순히 정보에 접근하고 이를 수용하는 것만으로는 현실 속 복잡한 문제를 해결하는 능력을 갖추기 어렵다. 디지털 기술의 발달은 누구나 손쉽게 정보에 접근하고 이용할 수 있게 만들었지만, 편해진 접근성만큼이나 이용자들의 적극적이고 주도적인 문해력을 요구한다.

무분별한 정보 속에서 어떤 것이 신뢰할 만한 정보인지 가려내는 것이 필수인 미래사회에서는 집중해서 읽고 생각하는 능력이 더욱더 중요해질 수밖에 없다.

앞서 말했듯이 문해력은 글을 읽고 해석하는 능력으로 글의 내용을 이해하고 사고하며 정의하고 비판하는 능력을 포괄한다. 그래서 문해력은 모든 교과목 학습의 토대이자 학업성취도를 좌우하는 역량이 된다. 특히 만 8세 이전의 문해력 형성이 아주 중요하다.

유아기에 문해력을 제대로 성취하지 못한 아이는 초등학생이 되었을 때 학교 수업을 따라가지 못한다. 기초 문해력을 갖춘 아이들이 문장의 의미를 제대로 파악하면서 교과서를 유창하게 읽을 수 있는 것과 달리 그렇지 못한 아이들은 교과서를 읽고 이해하기 어렵기 때문이다. 그만큼 초등학교 공부는 문해력이 전부라 해도 과언이 아니다.

학년이 올라갈수록 문해력 격차가 점점 커지기 때문에 초등학교 때 성적이 떨어지는 원인이 문해력 부족이라면 중고등학교에 가서도 높은 학업성취를 보이기 어렵다.

문해력을 떨어트리는
인지적 구두쇠 현상

책을 읽으면 시각 정보를 담당하는 후두엽, 언어 지능 영역인 측두엽, 기억력과 사고력 등을 담당하는 전두엽과 좌뇌가 모두 활성화된다. 내용에 따라서 감정과 운동을 관장하는 뇌 영역까지 활성화되기도 한다. 한마디로 책 읽기는 뇌 전체를 사용하는 활동이다. 책을 읽으면 다양한 뇌 영역이 서로 정보를 주고받으면서 활성화되고, 뇌세포의 증가로 뇌 신경망이 촘촘해지고 뇌 근육이 증가하여 코어가 강해진다.

그러나 알파세대는 책보다는 디지털 콘텐츠와 동영상 위주로 정보를 수용한다. 아이들에게 무엇을 하며 시간을 보낼 때 가장 즐겁냐고 물어보면, 많은 아이가 좋아하는 아이돌이 나오는 동영상을 보거나 게임을 할 때라고 답한다. 이렇듯 알파세대 아이들은 틱톡이나 인스타그램 릴스 같은 숏폼 동영상을 보거나 스마트폰 게임을 하는 데 상당한 시간을 쓴다.

문제는 아이들이 즐기는 영상 정보가 매우 수동적으로 흡수되는 정보라서 문해력 향상에 도움이 안 된다는 데 있다. 영상은 글자를 읽고 숨겨진 의미를 찾고 맥락을 이해하려는 노력 없이도 비교적 손쉽게 정보를 얻을 수 있는 매체이기 때문이다. 이런 소극적 정보 수용 과정이 되풀이되면 가능한 한 뇌를 적게 쓰려는 현상이 나타나는데, 인지심리학에서는 이를 '인지적 구두쇠' 현상이라고 부른다. 어떤 문제에 대해 깊이 생각하지 않고 간단히 문제를 해결하려는 습성을 일컫는 말이다.

영상을 통해 수동적으로 지식과 정보를 수용하는 데 익숙해지면 그것이 신뢰할 만하고 가치 있는 정보인지 제대로 평가하지 못한다. 또 정보를 올바로 이해하려면 맥락에 대한 이해가 필요한데, 검색 엔진이나 SNS 같은 인터넷 환경에서 공유되는 정보 대부분이 단편적으로 소비되는 정보라서 전체적인 맥락을 파악하기 어렵다.

이렇게 책과는 점점 멀어지고 영상에 달린 자막이나 SNS 메시지와 같은 짧은 텍스트만 자꾸 접하다 보니 요즘 긴 글을 읽는 것이 힘들다는 사람들이 많아지고 있다. 간단한 공지조차 무슨 의미인지 몰라 몇 번을 다시 묻는 사람이 허다하다. 한 지상파 방송에 나온 어느 대학생은 문장이 세 줄 이상 넘어가면 잘 읽지 않는 습관이 생긴 뒤로 기사를 읽어도 어떤 내용인지 잘 이해하지 못한다고 털어놓았다. 그도 그럴 것이 스마트폰의 좁은 스크린을 스크롤

해서 텍스트를 읽다 보니, 긴 글을 꼼꼼하게 끝까지 읽지 못하거나 잘못 이해하는 일이 빈번하게 일어난다. 스마트폰을 비롯한 디지털 기기를 과도하게 사용하면서 아이고 어른이고 할 것 없이 읽고 쓰고 말하는 능력이 점점 퇴화하고 있다.

가톨릭 의대 정신건강의학과 김대진 교수 연구팀은 스마트폰에 과의존하는 만 12~18세 사이 청소년의 언어능력이 그렇지 않은 청소년에 비해 상당히 떨어진다는 연구 결과를 발표했다. 연구에 따르면 주당 평균 31시간 스마트폰을 이용하는 청소년은 평균 14시간 스마트폰을 이용하는 청소년보다 측두엽의 뇌 기능 연결성이 떨어지는 것으로 나타났다. 스마트폰 중독 지수가 높을수록 이런 현상이 심해진다고 밝힌 연구팀은 '청소년기에 장기간 스마트폰을 과도하게 사용하면 언어를 처리하는 뇌 기능 연결망 형성에 부정적인 영향을 줄 수 있다'라고 경고했다. 또 스마트폰만 들여다보느라 기억을 저장하는 훈련을 충분히 하지 못하는 것도 언어능력을 떨어트리는 원인이라고 밝혔다. 스마트폰이 기억력, 사고력 등을 담당하는 전두엽의 성장을 방해하기 때문이라는 것이다. 다음은 김대진 교수의 《청소년 스마트폰 디톡스》에 실린 내용이다.

자동차도 달리지 않으면 기능이 저하하고 속력이 잘 나지 않듯이, 뇌도 마찬가지입니다. 뇌를 잘 사용하려면 훈련이 필요하고 쓰임새를 계속 자극할 필요가 있습니다. 기억을 저장하고 다양한 상황에 맞는 언어사용을 훈련해야 뇌를 좋은 상태로 유지할 수 있습니다. 그런 훈련을 스마트폰에 의존한다면 뇌는 자연스레 퇴화할 수밖에 없습니다.

경북 포항의 한 초등학교 교사는 읽기 수업을 하다가 한 학생에게 이런 질문은 받은 적이 있다고 한다. "나 대신 책을 읽어주는 '북튜버'도 있고, 글자를 긁으면 알려주는 펜도 있는데 굳이 왜 내가 직접 읽어야 하나요?" 눈과 머리를 써가며 애써 글을 읽을 필요가 있냐는 질문이다.

2018년 치러진 수능 국어에서는 1등급 커트라인이 80점대로 역대 최저 점수를 기록했다. 역대급 불수능이었던 탓도 있지만, 이를 두고 한 국어국문학과 교수는 '학생들의 읽기 능력이 지속해서 떨어지고 있기 때문'이라고 진단했다. 아주 빠른 속도로 아이들의 문해력이 감퇴하고 있다는 것이다.

책에 흥미를 잃은
아이들

전국 중학교 3학년 921명을 대상으로 경북대 김혜정 교수는 청소년 독서 실태를 조사했다. '책을 얼마나 자주 읽느냐'는 질문에 '거의 읽지 않는다'라고 답한 학생이 48.64퍼센트로 절반 가까이 차지했고, '자주 읽는다'라는 학생은 5.21퍼센트에 불과했다. 시간이 있어도 책을 읽지 않는 가장 큰 이유로 '인터넷이나 스마트폰이 훨씬 재미있기 때문'이라는 응답이 34.7퍼센트를 차지했다. 주목할 만한 다른 이유로는 '모든 정보가 인터넷에 있기 때문', '책을 읽지 않아도 살아가는 데 큰 문제가 없기 때문'이란 답변이 있었다. 모두 수긍이 가는 이유다.

이것 말고도 아이들이 책에 흥미를 잃는 이유 가운데 하나는 스마트폰을 사용하지 못하게 하는 수단으로 흔히 책을 사용하기 때문이다. 좋아하는 걸 못하게 하는 방해물이 독서라고 생각하니 책에 대한 흥미가 빠르게 식는다. 재미도 흥미도 없어지면 아이는 독서를 또 다른 학습이자 지식 함양의 수단으로만 받아들일 뿐이다.

우리나라 아이들이 책을 읽지 않는 데는 대학 입시 위주의 교육 풍토도 한몫한다. 시험에 대비한 지식을 외우고 문제를 푸는 데 시간을 할애하느라 책 읽을 시간이 절대적으로 부족하다. 이런 현상에 대해 미래학자 앨빈 토플러 Alvin Toffler 는 "한국 학생들은 하루 15시간 동안 학교와 학원에서 미래에 필요하지 않을 지식과 존재하지도 않을 직업을 위해 시간을 낭비하고 있다."고 따끔한 일침을 날린 적이 있다. 토플러의 지적대로 아이들이 당장의 성적에 매달리느라 책을 점점 멀리하는 것이 미래사회를 대비하는 방법으로 얼마나 효과적일지 생각해볼 일이다.

팬데믹 이후 뜨거운 감자가 된 문해력

학교 수업을 집에서 듣는 온라인 수업으로 대체하면서 문해력은 더욱 중요한 화두로 떠올랐다. 코로나19 팬데믹 이전에는 책을 읽고 이해하는 능력이 다소 부족하더라도 교실에서 선생님께 질문하거나 친구에게 물어보면서 도움을 받을 수 있었다. 그런데 집에서 비대면으로 수업을 듣는 시간이 늘어나면서 문해력이 부족한 아이와 그렇지 않은 아이 사이의 학습 격차가 크게 벌어지기 시작했다. 문해력이 부족하면 이해력은 물론이고 집중력도 떨어지는 경우가 많아서 온라인 수업을 따라가는 것 자체가 버겁다. 코로나 이전부터 문제가 되던 문해력 부족 현상이 팬데믹 사태를 겪으면서 더욱 악화된 것이다.

OECD 회원국 중심으로 전 세계 만 15세 학생들을 대상으로 실시하는 국제학업성취도평가PISA는 읽기, 수학, 과학 영역의 성취수준을 평가하는 시험이다. 한국의 경우 수학과 과학 영역의 성취도 수준은 조금씩 높아지고 있지만, 읽기 영역은 2006년 이후로 계속해서 떨어지는 것으로 나타났다. 2006년 한국 청소년의 읽기 능력은 556점으로 조사 대상 국가 중 1위를 차지했다. 핀란드가 547점으로 2위, 캐나다가 527점으로 그 뒤를 이었다. 그러나 2007년 스마트폰이 등장하면서부터 우리나라 청소년의 읽기 능력은 가파른 하락세를 보이고 있다. 특히 교과서를 이해할 수 없는 수준의 하위권 청소년 비율이 급격하게 늘어났는데, 2006년 18.2퍼센트에 불과하던 것이 2018년에는 34.7퍼센트로 큰 폭으로 상승했다.

복합적인 자료에 대한 이해도가 떨어지고, 이를 실생활에 적용하는 것에 어려움을 겪는다는 것은 미래사회가 요구하는 역량을 갖춘 인재를 양성하는 데 문제가 있음을 보여준다. 안타깝게도 우리나라 교육은 '대학 입시'에 초점이 맞추어져 있다. 아이들은 좋은 성적을 위해 시험에 나올 만한 내용을 암기하고 문제를 푸는 데 많은 시간을 쓴다. 학교나 학원, 집에서도 마찬가지다. 장소만 바뀔 뿐 자기 전까지 입시 공부에 매달린다. 사정이 이렇다 보니 학교에서도 독서나 문해력 교육에 시간을 할애하기 힘들다.

이러한 문제를 인지한 교육부는 교육의 새로운 흐름을 만들기 위해 2022 개정 교육과정을 발표했다. 2024년 초등 1, 2학년을 시작으로 2027년 전 학년에 적용될 새 교육과정 국어과의 목표는 기초 문해력 교육과 디지털 다매체 환경 변화에 대응하는 매체 교육을 강화하는 것이다. 이를 위해 초등 1, 2학년의 한글 해독 교육을 강화하고 국어 수업을 기존 448시간에서 482시간으로 34시간이나 늘렸다. 이와 함께 국어과에 '매체' 과목을 신설해 디지털 리터러시 교육을 강화하도록 했다. 이는 온라인상의 영상, 이미지, 문자 등 다양한 유형의 자료를 비판적으로 이해하고 창의적으로 사고하는 역량을 키우는 것을 목표로 한다.

현재 한국 교육계에서 뜨거운 관심을 받고 있는 국제바칼로레아 International Baccalaureat, 이하 IB 프로그램 역시 읽기와 쓰기, 토론을 기반으로 하는 독서교육 정책이다. 모든 교과목에서 자기주도적인 읽기, 쓰기, 토론하기 등의 과정이 중시

되고, 학생들끼리의 협력 활동을 강조한다. 2022 개정 교육과정과 IB 프로그램을 통해 짐작해볼 수 있는 것은 문해력 향상을 위해 앞으로 독서와 토론, 글쓰기 활동의 중요성이 점점 커질 거란 사실이다.

문해력과 비판적·창의적 사고능력은 하루아침에 길러지지 않는다. 아이가 어릴 때부터 책을 읽고 생각할 시간을 갖도록 집에서도 노력할 필요가 있다. 초등학교 입학 전부터 또래 아이보다 많이 뒤처지면 어쩌나 하는 마음에 사교육에 아이를 맡기는 것보다는 집에서 다양한 책을 읽고 마음껏 상상의 나래를 펼칠 수 있도록 배려해주는 게 어떨까.

디지털 세대만의 문제가 아닌
문해력 부족 현상

김 과장 정 대리가 보낸 메일이 이해되나요?

박 대리 아니요. 무슨 말인지 모르겠어요.

김 과장 요즘엔 이메일을 이해할 수 없게 쓰는 사람이 너무 많아요. 스펙은 좋아도 정작 업무에 필요한 능력은 부족한 거 같아요.

박 대리 그러게요. 대학 때 스펙을 쌓느라 바빠서 글을 읽고 쓰는 연습은 전혀 안 했나 봐요. 자소서도 컨설팅 업체에 맡기면 대신 써준다고 하니…. 아무래도 회사에서 글을 읽고 쓰는 교육을 해야 하지 않나 싶어요.

김 과장 인재개발팀에다 신입사원 연수 프로그램에 문해력 교육을 넣든지, 아니면 정기적으로 글쓰기 교육을 하면 어떻겠냐고 제안을 할까 봐요.

박 대리 확실히 문해력이 부족한 직원하고는 이메일로 소통하기가 너무 어려운 것 같아요. 지시 사항을 몇 번씩 다시 물어봐서 일이 늦어지는 건 예사고, 아예 내용을 잘못 이해하고 업무를 멋대로 처리하는 바람에 문제가 된 적도 있다니까요.

김 과장 일이 많은데 작은 일 하나하나 다시 물어보면 대답해주느라 하루가 다 가죠.

박 대리 맞아요. 문서를 작성하는 방법이랑 업무 내용의 요지는 파악할 줄 알아야 업무를 제대로 처리할 수 있는데 말이에요.

두 사람의 대화에서도 알 수 있듯이 문해력 부족은 아이들만의 문제가 아니다. 국내의 한 취업정보 사이트에서 직장인을 대상으로 문해력 조사를 했는데, 그중 절반이 문해력 부족으로 업무상 어려움을 겪었다고 답했다.

글을 이해하고 문제를 해결하고 타인과 소통하는 능력인 문해력은 직장에서 꼭 필요한 업무능력 가운데 하나다. 그러나 요즘 성인이 돼서도 기본적인 읽기·쓰기 능력이 부족한 사람이 많아 업무의 효율성이 떨어져 회사에서도 문해력 부족을 심각한 문제로 보고 있다고 한다. 일부 회사에서는 국어교육과 직원에게 문해력 교육을 맡길 정도라고.

직장인들의 문해력이 떨어지는 원인도 알파세대의 그것과 크게 다르지 않다. 앞의 문해력 조사에서 직장인 중 열에 아홉은 학창 시절보다 문해력이 떨어졌다고 답했는데, 그 이유로 메신저와 SNS로 단조로워진 언어생활, 독서 부족, 동영상 시청 증가 등을 들었다. 아이들만 책을 읽지 않는 것이 아니라 어른들도 책을 읽지 않는다.

우리나라의 성인 평균 독서량은 매년 감소하고 있는데, 2021년 문화체육관광부가 발표한 국민 독서실태 조사 결과에 따르면 성인 평균 독서량은 연 4.5권에 불과하다. 이전 조사 때(2019년)와 때와 비교했을 때 3권이나 감소한 수치다. 초중고 학생의 연간 독서량은 34.4권(교과서, 참고서

제외)으로 성인보다는 높지만 2019년과 비교해서 6.6권이나 줄어든 것으로 나타났다. 어른도 아이도 책을 읽지 않다 보니 우리 사회 전반에 걸쳐 문해력이 저하되고 있다.

최근 출퇴근길 풍경을 보면 손에 책을 든 사람을 찾기가 드물다. 책 대신에 스마트폰을 들여다보고 있는 사람이 대부분이다. 스마트폰으로 뉴스나 드라마를 보고, 게임을 하고, 메신저나 SNS로 서로의 안부를 묻는다. 궁금한 게 생기면 동영상 플랫폼에서 검색해 영상을 보면서 궁금증을 해결한다. 아이들뿐만 아니라 어른들도 영상을 활용해서 지식을 습득하는 시대가 온 것이다. 책과 멀어지고 스마트기기와 가까워질수록 글을 읽고 생각하는 능력이 점점 퇴화하고 있다. 아이들 못지않게 어른들의 문해력 또한 위기 상황에 직면해 있는 것이다.

문해력 부족은 젊은 세대만의 문제가 아니다. 2013년에 OECD가 발표한 국제성인역량조사PIAAC 결과에 따르면 우리나라의 16~24세 언어능력 수준은 24개국 중 4위, 25~24세 그룹은 5위였으나 중장년층으로 갈수록 점점 낮아져 55~56세는 최하위권으로 조사됐다. 교육부에서 실시한 성인문해능력조사에서도 연령층이 높아질수록 문해력 수준도 급격히 하락하는 것으로 나타났다.

문해력은 우리 삶과 밀접한 관련이 있다. 복약지도서, 주택 임대차 계약서, 식품 영양 성분, 각종 안내문 등 실생활과 바로 연결되는 이런 글을 잘못 읽으면 큰 손해를 입을 수도 있기 때문이다. 특히 사회생활에서 읽기·쓰기 능력의 중요성이 점점 강조되는 만큼 글을 이해하고 생각하고 소통하는 능력인 문해력을 꾸준히 키워나가야 한다.

미래사회 핵심역량인 문해력

미래학자들은 코로나19로 디지털 프랜스포메이션 Digital Transformation 이 5년쯤 앞당겨졌고, 일자리 구조에도 커다란 변화가 일어나고 있다고 말한다. 지능형 공장 Smart Factory, 로봇과 사물인터넷 IoT, 자율주행 자동차에 이르기까지 AI 기반 자율시스템은 빠르게 확산되고 있고, 매일매일 새롭게 쌓이는 막대한 양의 정보를 분석해 다양한 분야에 활용되고 있다. 이러한 사회 흐름에 발맞춰 코딩이나 빅데이터 인력에 대한 수요도 가파르게 상승하고 있다. 언론에서는 어떤 직업이 미래에 유망한지 어떤 역량을 갖춘 인재가 미래사회에 살아남는지 보도하고, 이런 뉴스를 접한 부모는 아이들을 어떻게 키워야 할지 고민이 깊어진다.

역사학자 유발 하라리Yuval Noah Harari는 《21세기를 위한 21가지 제언》에서 교사는 아이들에게 정보를 이해하는 능력, 중요한 것과 중요하지 않은 것의 차이를 식별하는 능력, 무엇보다 수많은 정보 조각들을 조합해서 세상에 관한 큰 그림을 그릴 수 있는 능력을 가르쳐야 한다고 말한다. 지금 우리가 살아가는 시대의 정보를 아이들에게 가르치는 것보다 중요한 것은 변화에 대처하고 새로운 것을 학습하며, 낯선 상황에서 정신적 균형을 유지하는 능력이라는 것이다. 그의 말에 따르면 변화하는 시대에 발맞춰 변화하고 업그레이드하는 인간이 미래에 필요한 인재다. 아이들에게 과거와 현재의 지식을 외우게 하는 것보다는 새로운 기본new normal을 요구하는 시대에 능동적으로 대처할 수 있도록 문해력 교육에 힘을 쏟아야 한다.

코로나 사태를 계기로 가상세계인 메타버스와 온라인 화상 플랫폼이 새로운 교육 시스템으로 자리 잡았다. 그동안 학교나 학원에서 수업을 듣던 아이들이 집에서 스스로 공부해야 하는 본격적인 자기주도학습의 시대를 맞이하고 있는 것이다. 그리고 자기주도학습의 성패는 글을 읽고 이해하는 능력에 달려있다 해도 과언이 아니다. 자기주도학

습을 위한 문해력은 메타인지, 4C와 함께 미래 핵심역량
으로 주목받고 있다.

최근 많이 언급되는 메타인지는 자기 자신을 이해하고
판단하는 능력이다. 즉 내가 생각한 답이 맞는지, 내가 무
엇을 모르고 아는지, 내가 보완해야 할 부분은 무엇인지
등 나 자신을 살펴보는 능력을 말한다. 메타인지가 뛰어난
사람은 자기 능력과 한계를 정확히 파악하여 시간과 노력
이 필요한 부분에 집중하기 때문에 공부나 업무의 효율성
이 높다. 메타인지능력을 키우기 위해서는 문해력이 기본
이 되어야 한다. 스스로 생각하는 힘은 문해력이 뒷받침될
때 사라기 때문이다.

많은 미래학자가 제4차 산업혁명 시대에 필요한 것은
'스스로 생각하는 힘'이라고 입을 모은다. 생각하는 힘을
기르는 가장 좋은 방법은 책을 읽는 것이다. 책을 읽으면
어휘력과 집중력이 좋아지고, 상상력과 창의력도 함께 자
란다. 다양한 배경지식이 쌓이고 사고의 수준이 한 단계
업그레이드되어 비판적 사고능력이 발달한다. 복합적인 사
고과정이 필요한 책 읽기를 반복하면서 스스로 생각하는
힘이 길러지는 것이다.

문해력, 메타인지와 함께 미래 인재가 갖춰야 할 역량으

로 거론되는 4C는 협력Collaboration, 의사소통Communication, 비판적 사고Critical Thinking, 창의성Creativity으로 구성되어 있다. 제4차 산업혁명 시대를 맞아 교육의 중심을 '지식 전달'에서 학생들의 '역량 증진'으로 바꿔야 한다는 인식 변화에 따른 것으로 급변하는 사회에 필요한 지식을 스스로 습득하고 문제해결력을 기르는 것을 목표로 한다. 여기에 콘텐츠Content와 자신감Confidence을 추가해 6C라고 부른다.

오늘날 기업에서 가장 중요하게 생각하는 역량 가운데 하나인 '협력'은 의사소통을 기반으로 이루어진다. 협력을 촉진하는 '의사소통'을 위해서는 나의 메시지를 상대방이 이해하도록 전달하는 말하기와 글쓰기 능력은 물론이고 다른 사람의 말을 귀담아듣는 경청의 기술이 필요하다. 온갖 정보가 넘쳐나는 빅데이터 시대의 필수 역량인 '비판적 사고'는 어떠한 사실을 검증하고 자신의 견해를 밝히는 역량을 말한다. 또 '창의성'을 위해 꼭 필요한 역량이도 하다. 창의적 사고는 비판적 사고에서 탄생하기 때문이다. 지식 습득과 관련이 깊은 '콘텐츠'는 전문성 있는 나만의 콘텐츠를 창의적으로 만드는 역량이다. 마지막으로 '자신감'은 실패에도 굴하지 않는 의지와 끈기를 말한다.

한마디로 6C 역량을 갖춘 인재는 협력, 의사소통, 비판적 사고, 창의성, 자신감을 바탕으로 자기만의 독자적인 콘텐츠를 만들 수 있는 인재를 의미한다. 요즘은 더 많은 지식의 소유자가 아니라 자기만의 독자적인 콘텐츠를 가지고 있어 발전 가능성이 높은 인재를 원하는 시대다. 독창적인 콘텐츠를 생성하기 위해서는 메세지를 이해하고 스스로 생각하고 표현하는 능력인 문해력을 갖추고 있어야 한다.

미래학자 제이슨 셴커 Jason Schenker 는 미래 인재는 '새로운 기술을 적극적으로 평생 학습하는 전문적인 인재'라고 말한다. 전문적인 일을 하고 싶은 사람이라면 또 직업을 유지하고 싶은 사람이라면 '직업이 학생 Professional Student'이 되어야 한다는 것이다. 뉴노멀 시대에 적응하고 끊임없이 변화하는 시대에 살아남으려면 배움을 삶의 중심에 둬야 하기 때문이다.

오늘날 교육은 불확실하고 예측할 수 없는 미래사회에 대응할 인재를 키워야 한다는 새로운 도전에 직면해 있다. 질문만 입력하면 기사글이나 에세이까지 써주는 챗GPT까지 등장한 AI 시대를 맞아 미래사회 일자리에 대한 불안감은 점점 커지고 있다. '누가 더 많은 지식을 소유했느냐'가 더 이상 인재상의 척도가 아니듯이 명문대 졸업장 역시 아이들의 미래를 보장해주지 않는다. 단순히 지식을 전달하는 것을 넘어 삶을 개척할 수 있는 학습력과 문제해결력을 기를 수 있도록 교육이 변해야 한다.

《프로페셔널 스튜던트》에서는 창조하고 공감할 수 있는 사람, 사회 패턴을 인식하고 의미를 만들어내는 사람, 예술가, 발명가, 디자이너, 이야기꾼과 같은 사람, 남을 돌보는 사람들이 인정받는 시대가 오고 있으며 미래를 대비하기 위해서는 수학, 언어, 작문 등 시험으로 측정가능했던 하드 스킬을 넘어서는 소프트 스킬 교육이 필요하다고 말한다. 여기서 하드 스킬은 지식 혹은 기술 관련 스킬을 뜻하며, 소프트 스킬은 다른 사람과 소통하며 협업하는 스킬을 의미한다.

현재 기업은 타인과 협업하여 문제를 해결하는 능력, 자신의 감정을 조절하는 자기조절능력, 소통능력, 공감능력, 회복탄력성, 창의성 등 다양한 소프트 스킬을 갖춘 인재를 찾고 있다. 공부의 방향도 하드 스킬에서 소프트 스킬을 향상시키는 쪽으로 변화하고 있다.

전문가들이 미래 인재에게 필요한 역량으로 꼽는 창의성, 혁신성, 전문성, 자존감, 열정과 끈기, 팀워크 등을 갖추기 위해서는 기본적으로 문해력이 바탕에 깔려 있어야 한다. 새로운 지식을 이해하고 생성하는 능력인 문해력 없이는 스스로 학습하고 문제를 탐구하는 학습력 또한 자라지 못하기 때문이다. 책을 가지고 놀면서 생각하고 상상하고 자기 생각을 표현하는 문해력 교육이야말로 미래 핵심 역량을 키울 수 있는 최고의 방법이다.

알파세대에게 필수인 디지털 리터러시

태어날 때부터 스마트폰을 손에 쥐고 자란다는 알파세대. 미디어를 접하는 시간이 많은 만큼 위험한 콘텐츠에 노출되거나 스마트폰에 과의존하게 될까 봐 걱정하는 부모들의 시름이 깊어지고 있다. 그렇다고 스마트폰 사용을 무작정 막을 수는 없는 노릇이다. 책보다는 영상으로 공부하는 게 더 익숙한 아이들에게서 스마트폰을 뺏을 것이 아니라, 올바른 미디어 사용법과 디지털 문해력을 기를 수 있도록 도와야 한다.

디지털 시대에 필수적으로 요구되는 정보 이해 및 표현 능력을 일컫는 디지털 문해력은 스마트 기기 사용 시간을 관리하고 위험한 콘텐츠를 걸러내는 능력, 미디어가 제공하는 정보를 비판적으로 분석하고 이용하는 능력 등을 모두 포괄하는 개념이다. 다른 말로 '디지털 리터러시', '미디어 리터러시'라고도 한다. 2011년 유네스코는 디지털 리터러시 능력이 없는 사람은 문맹과 다를 바 없다고 선언했다.

그렇다면 디지털 강국이자 스마트폰 사용률 세계 1위인 우리나라 아이들의 디지털 문해력 수준은 어느 정도일까? 2021년 5월 OECD가 발표한 〈국제학업성취도평가 21세기 독자: 디지털 세상에서의 문해력 개발〉 보고서에 따르면 만 15세 청소년을 대상으로 한 국가별 디지털 문해력 순위에서 한국은 멕시코, 브라질, 콜롬비아, 헝가리 등과 함께 최하위 집단으로 분류되었다. 이 평가는 학생들에게 유명 이동통신사 명의로 피싱 메일을 보낸 뒤 양식에 맞게 이용자 정보를 입력하면 스마트폰을 받을 수 있다는 링크에 어떻게 반응하는지 알아보는 형식으로 이루어졌다.

조사 결과 한국 청소년의 디지털 정보에 대한 사실과 의견 식별률은 25.6퍼센트로 OECD 평균(47.4퍼센트)보다 크게 떨어지는 것으로 나타났다. '정보가 주관적이거나 편향적인지를 식별하는 방법에 대해 교육받았는가'를 묻는 설문조사에서도 오스트레일리아, 캐나다, 덴마크, 미국 학생들은 70퍼센트 이상이 '교육을 받았다'라고 응답한 반면 한국은 49퍼센트만 교육을 받았다고 답해 폴란드, 이탈리아, 그리스, 브라질 등과 함께 평균 이하의 그룹에 속했다.

OECD가 발표한 청소년의 국가별 디지털 문해력 자료가 우리에게 시사하는 바는 무엇일까? 이는 미디어가 제공하는 정보를 무분별하게 수용할 것이 아니라 정보를 탐색하고 비판적으로 판단하는 역량을 길러줄 디지털 문해력 교육이 강화되어야 한다는 것을 의미한다.

경인교육대학교 미디어 교육연구소 김아미 연구원은 성인이 되었을 때 디지털 기기를 이용한 높은 수준의 업무를 처리하고, 동료들과 협력하여 문제를 해결할 수 있으려면 어릴 때부터 디지털 문해력 교육을 받아야 한다고 말한다. 디지털 문해력은 미디어 콘텐츠를 비판적으로 평가하고 그에 대한 관점을 정립하는 능력인데, 현재 학교에서 이루어지는 디지털 교육은 기기 활용 능력에만 초점이 맞춰져 있어 청소년의 디지털 문해력 수준이 매우 낮다는 것이다.

디지털 문해력을 어떻게 키울 것인가 하는 고민이 학교 안팎으로 커지는 가운데, 다양한 디지털 교육 정책들이 앞다투어 발표되고 있다. 먼저 2022년 개정 교육과정 총론의 주요 사항을 살펴보면 '미래 세대 핵심역량으로 디지털 기초소양 및 정보교육 확대'라는 표현이 들어 있다. 모든 교과와 연계되는 총론에서 디지털 리터러시 역량을 언급했다는 것은 앞으로 공교육 내 미디어 교육이 강화될 것임을 단적으로 보여준다. 부산시교육청은 2021년부터 중학교용 디지털 리터러시 교과서와 이를 지원하는 시스템인 '디릿'을 개발하는 등 디지털 리터러시 교육에 힘을 쏟고 있다. 경기, 전남, 광주 시도교육청 등도 최근에 미디어 교육을 위한 조례를 제·개정했다.

한국언론진흥재단은 2022년 3월에 디지털 문해력 교육의 일환으로 중학교용 미디어 리터러시 교과서의 활동 과제 중에 '유튜브 활용 조정 능력 기르기'를 포함시켰다. 이는 학생들이 유튜브 앱 메뉴에서 자신의 시청 시간을 확인하고, 이를 친구들과 비교해보는 활동이다. 이와 함께 유튜브 앱의 '시간 관리 기능' 활용법도 소개했다. 취침 시간을 알려주거나 유튜브 시청 후 1시간이 지나면 알람이 울리도록 설정해 시청 시간을 조절하도록 돕는다. 또한 미디어 교육 통합지원 사이트 '포미'를 만들어 미디어 교육 서비스를 제공한다.

유튜브와 SNS, 넷플릭스 같은 OTT까지 각종 미디어가 지배하는 일상에서 아이들이 손안의 스마트폰으로 어떤 콘텐츠를 접하는지 부모로서는 일일이 확인하기가 어렵다. 영상과 게임에 빠져 사는 아이들을 제어하려고 해봐도 이미 스마트폰 주도권이 아이에게 넘어간 상태라 통제하기가 쉽지 않다. 스마트폰 주도권을 다시 가져오려 해도 그 과정에서 엄청난 진통이 따르는 데다가 오히려 역효과만 불러올 수 있기 때문이다. 어릴 때부터 그 어떤 생활습관 교육보다 미디어 교육을 최우선으로 해야 하는 이유가 여기 있다.

더욱이 아이가 학교에 들어가서도 책을 가까이하고 즐겨 읽기를 바란다면 가정에서의 미디어 교육은 더 중요하다. 영상 시청이나 게임에만 몰두하면 책에 흥미를 붙이기 어렵고 책을 읽을 시간 자체가 부족하다. 책을 읽는 데는 훈련이 필요하다. 어른들도 책에 집중하려면 시간이 걸린다. 아이들도 마찬가지다. 책과 친해지기 위해서는 스마트폰 사용을 자제하고 책 읽을 시간을 확보해야 한다.

보통 자기주장이 강해지는 초등 3~4학년부터 혼자서 책을 읽기 시작하는데, 이때 책이냐 스마트폰이냐 하는 갈림길에 선다. 그리고 대개 스마트폰의 유혹에 빠져 책을 멀리하게 된다. 어른들도 습관적으로 스마트폰을 들여다보느라 많은 시간을 쓰는 마당에 아이들에게 자제력을 요구하기란 현실적으로 어렵다.

따라서 이 시기 아이의 책 읽기 습관을 유지하기 위해서라도 학교와 가정에서 올바른 미디어 활용법을 습득하고 디지털 리터러시 역량을 기를 수 있도록 힘써야 한다.

알파세대에게 더 중요한
책 읽기

아이를 키울 때 중요하게 생각하는 것은 부모마다 다르다. 어떤 부모는 운동을 꾸준히 해서 건강을 관리하는 것을 가장 중요하게 생각하고, 또 어떤 부모는 미술과 음악을 가르쳐서 아이의 예술성을 키워주는 것을 가장 중요하게 생각한다. 그런데 거의 모든 부모가 아이에게 길러주고 싶은 습관이 있다. 바로 책 읽는 습관이다. 지식을 배우고, 생각하는 힘을 기르고, 삶을 살아갈 지혜를 얻는 등 책을 읽을 때 얻을 수 있는 무궁무진한 장점을 이미 잘 알고 있기 때문이다.

그런데 아이의 책 읽기 습관은 저절로 형성되지 않는다. 책을 좋아하는 아이 뒤에는 알게 모르게 부모의 관심과 노력이 동반된 경우가 많다. 특히 알파세대 아이들은 더 그렇다. 부모 세대가 자랄 때와는 달리 책 말고도 재미있는 놀거리가 넘쳐나는 환경에서 자라기 때문이다. 그런 아이들의 손에 스마트폰 대신 책을 들게 하려면 어떻게 해야 할까?

'책을 읽자'라는 말이 아이에게 지겨운 잔소리로 들리지 않게 하려면 평소 아이와 좋은 관계를 유지한 것이 중요하다. 아이와 소통이 부족하고 정서적 유대관계가 잘 형성되지 않은 상황에서 책을 읽으라고 백날 말해봤자 아이는 '엄마가 또 스마트폰을 못 하게 하는구나.', '방금 책을 읽으려고 했는데 엄마가 말하니까 책 읽기 싫은걸.' 하고 생각할 따름이다. 부모가 바라는 것을 아이에게 관철하려면 먼저 아이의 생각을 이해하고 존중하는 태도를 보여야 한다.

알파세대를
이해하고 공감하기

우리나라 청소년의 독서지수가 나날이 떨어지고 문해력 위기라는 뉴스를 접할 때마다 부모로서 불안감이 몰려온다. 책을 읽었으면 좋겠는데, 아이의 손에는 어김없이 스마트폰이 들려 있다. 핸드폰은 그만 보고 책 좀 읽으라고 아무리 잔소리를 해도 먹히지 않는다. 읽는 둥 마는 둥 몇 장 넘기다 다시 스마트폰 삼매경이다.

화려한 영상과 자극적인 효과가 가득한 디지털 콘텐츠가 넘쳐나는 세상에서 책과 같은 활자 매체에 흥미가 생기지 않는 것은 어쩌면 당연한 일인지도 모른다. 그렇지만 아이들은 일반적으로 지적 호기심이 강하며, 새로운 것을 알게 되면 즐거워한다. 그 지적 호기심을 충족시켜줄 통로가 책이 될 때 아이들은 책에 몰입하고 다음 이야기를 궁금해한다. 책 읽는 즐거움을 맛본 아이들은 부모가 강요하지 않아도 알아서 책을 찾아 읽는다. 아이들을 재미있는 책의 세계로 인도하려면 어떻게 해야 할까?

먼저 알파세대 아이들이 어떤 특성을 지니고 있는지 이해할 필요가 있다. 아이를 책과 친해지게 하려면 아이가 어떤 생각을 하는지 어디에 흥미를 느끼는지 파악하는 것이 중요하다. 아이가 좋아하는 미디어를 이해하려 노력하고 아이가 사용하는 미디어에 관심을 가져보자. 아이가 좋아하는 영상도 같이 보고 게임도 같이 하면서 함께 시간을 보내다 보면 아이의 관심사를 파악하기가 훨씬 쉬워진다.

아이가 즐겨 보는 영상 리스트를 살펴보는 것도 좋은 방법이다. 아이가 요즘 어디에 관심이 있는지 어느 것을 좋아하는지 빠르게 파악할 수 있을뿐더러 아이와 나눌 이야깃거리도 풍부해진다. 아이가 좋아하는 걸 함께 즐기다 보면 친밀감 높아지고 긍정적인 유대관계가 형성된다. 이런 부모의 관심과 사랑은 마치 따뜻한 태양이 여행자의 외투를 벗게 한 것처럼 아이의 마음을 활짝 열어줄 것이다.

내가 좋아하는 것을 좋아해주고 내 이야기를 잘 들어주는 엄마 아빠와 신나게 놀고 난 뒤 책 읽는 시간을 가지면 아이는 기꺼이 책을 읽는다. 읽기 싫은데 눈치를 보느라 억지로 읽는 게 아니라, 책 읽기를 부모의 사랑을 느낄 수 있는 또 다른 활동으로 받아들여 흔쾌히 책을 읽는 것이다. 그렇게 아이에겐 엄마 아빠와 함께 책을 읽는 시간이 행복한 기억으로 자리 잡는다.

아이를 책과 친해지게 하려고 책에 꿀을 바른다는 이스라엘 부모 이야기가 유명한 것도 같은 이유에서다. 부모와 함께 책 읽는 시간을 달콤한 추억으로 치환하려면 아이와 친밀한 관계 형성이 먼저다. 아이와 유대관계가 잘 형성되어 있는 부모라면 훨씬 수월하게 아이를 책과 친해지게 할 수 있기 때문이다.

대학 입시를 좌우하는 책 읽기

아이가 책을 즐겨 읽기 원하는 부모들의 바람도 길어 봐야 초등학교 때까지가 아닐까. 중학생만 돼도 공부해야지 책 읽을 시간이 어디 있냐는 푸념 섞인 부모들의 목소리가 들려온다. 아이들 역시 영어, 수학 학원에 다녀오면 이미 밤이라 잠 잘 시간도 부족한데 책까지 읽어야 하냐며 불만을 터트린다. 일단 입시 공부가 시작되면 책은 당연하다는 듯이 뒷전으로 밀린다. 어릴 때 독서 습관을 길러주느라 온갖 노력을 들였던 게 무색해질 정도다.

더는 대학 졸업장이 인생의 성공을 보장해주는 시대가 아님에도 불구하고 여전히 많은 부모가 아이를 좋은 대학에 보내기 위해서 부단히 노력한다. 아이가 어릴 때부터 영어, 수학 학원에 보내고 입시 컨설팅을 받으면서 좀 더 좋은 성적을 거두기 위해 시간과 돈을 투자한다.

그렇지만 앞에서 누누이 말했듯이 책 읽기는 미래를 살아가는 데 필수 역량인 문해력과 직결되는 활동이다. 흔히 책을 읽느라 시간을 뺏기게 되면 공부에 방해가 된다고 생각하기 쉽지만, 거시적으로 봤을 때 책 읽기는 대학 입시에 결정적인 역할을 한다. 수학 문제를 풀려면 복잡한 문제를 읽고 이해할 수 있어야 하고, 과학과 사회 과목 역시 문제의 의미를 이해할 수 있어야 시험 문제에 답할 수가 있다. 영어 지문이야 말할 것도 없다. 학교에서 배우는 모든 지식은 읽기를 기본으로 하기 때문에 문해력이 높은 아이가 좋은 성적을 받는 건 당연지사다.

그럼에도 '아이들이 책을 읽으면 정말 대학 입시에 도움이 될까? 문제 풀이 학습이 더 도움이 되는 게 아닐까?' 하는 의심을 떨쳐버릴 수 없는 분들을 위해 우리나라 대입 제도를 간단히 살펴보면 이렇다. 한국의 대학 입시는 수시와 정시로 나뉘는데, 수시는 다시 학생부교과전형과 학생부종합전형으로 구분된다. 수시로 대학에 가려면 고등학교 3년 내신 성적과 수행평가, 학교생활기록부를 잘 관리해야 한다. 이때 수업 태도와 함께 학생이 관심 있는 분야를 연구하고 실험하고 발표한 내용, 그리고 책을 읽고 공부한 내용이 학교생활기록부에 세부 능력 및 특기 사항으로 기록된다. 입시 반 교사들은 아이들이 어렸을 때부터 책 읽는 습관을 유지하는 게 대학 입시에 플러스 요인이 된다고 입을 모아 말한다. 독서는 공부하는 데 도움이 되는 배경지식을 넓히고 어휘력과 문해력을 강화해 수업의 이해도를 높이기 때문이다.

《공부머리 독서법》에서는 초등 우등생이 중학교에 가서 실패하는 이유로 문해력을 꼽았다. 초등학교 때까지는 문해력이 부족한 아이도 사교육의 도움으로 상위권을 유지할 수 있지만, 중학교와 고등학교 때부터는 책을 많이 읽어 높은 문해력을 가진 아이들이 상위권을 차지한다는 것이다. 이는 듣기 학습에 익숙한 아이들이 읽기 학습에 어려움을 겪으며 발생하는 자연스러운 현상이라고 저자는 설명한다. 학원에서 강의를 듣고 공부하는 것이 익숙한 아이들이 스스로 교과서를 읽고 이해하는 능력이 떨어지다 보니 학습량이 많아질 수밖에 없고, 공부할 시간이 부족한 중고등학교에서 성적 격차가 벌어진다는 것이다. 그만큼 문해력은 학교 성적과 대학 입시에 지대한 영향을 미친다.

삶의 지혜와 위로를 주는
책 읽기

좋은 대학에 입학하고 좋은 직장에 취직한다고 인생의 모든 문제가 해결되는 것이 아니다. 살다 보면 예상치 못한 문제들을 만나게 되고 수많은 선택의 갈림길에 서게 된다. 이런 과정을 거쳐온 어른인 우리는 그 사실을 이미 잘 알고 있다.

책 읽기는 아이 스스로 삶의 문제를 해결하고 인생 과제를 슬기롭게 수행하고 숱한 갈림길에서 현명한 선택을 하도록 돕는다. 책을 통해 앞 시대를 살아간 이들의 깨달음과 지혜를 얻을 수 있을뿐더러 다양한 분야의 전문가들이 남긴 지식이 아이들이 맞닥트린 문제를 해결하는 데 도움을 주기 때문이다.

어려움을 극복한 사람들의 이야기를 읽다 보면 지금 자신이 처한 어려움을 극복할 힘이 생긴다. 책을 읽으면서 나 자신을 들여다보며 자신의 감정을 알아차리고 스스로를 돌볼 줄도 알게 된다. 나 자신이 소중한 만큼 다른 사람도 소중하다는 사실을 깨닫고 삶을 바라보는 시선이 더 넓고 깊어진다.

어린 시절에 읽은 책은 아이들에게 꿈을 갖게 하고, 그

꿈을 이루기 위하여 노력하게 만드는 힘이 있다. 어제의 나와 오늘의 나, 그리고 미래의 나를 떠올리며 꿈에 한 발짝 다가서기 위해 구체적인 목표를 세우고 실천하도록 돕는다.

책은 인생의 쉼터가 되기도 한다. 나보다 먼저 삶을 살다간 사람들이 쓴 글을 보면서 마음의 부담감을 내려놓거나 동시대의 고통과 어려움을 적어 놓은 글을 보며 책이 건네는 위로에 눈물을 흘릴 때도 있다.

책 읽기는 스트레스 해소에도 효과적이다. 2009년 영국 서섹스대학교University of Sussex에서 실시한 〈독서와 스트레스에 대한 연구〉에 따르면 학교와 친구 관계에서 받은 스트레스 해소에 책 읽기가 도움이 되는 것으로 나타났다. 산책, 음악감상, 비디오 게임 등 여러 가지 활동 중에서 독서가 스트레스 해소에 가장 효과적이었다고 한다.

이렇게 책 읽기는 정서적으로 윤택하고 행복한 삶을 살아가는 데 도움을 준다. 살아가면서 만나는 여러 복잡한 상황에 유연하게 대처하도록 도울 뿐만 아니라 예상치 못한 문제를 만나 인생살이가 막막할 때도 어려움을 해결할 실마리를 제공한다. 집에서나 학교에서 아이들이 책을 읽도록 노력하는 궁극적인 목적이 여기에 있다.

검증된 최고의 교육방법인
책 읽기

전문가들은 아이들에게 책을 읽어주는 것이 학습지를 풀게 하거나 시험을 보는 것보다 훨씬 더 효과적인 학습 방법이라고 말한다. 예나 지금이나 가장 경제적이고 훌륭한 교육 도구는 바로 '책'이라는 것이다.

책 읽기의 유익함이야 더 말해 무엇하겠냐만 책 읽기는 우리 아이들의 인생을 풍요롭게 만드는 영원히 마르지 않는 샘물이자 황금알을 낳는 거위와 같다. 한마디로 최고의 교육은 아이를 영어 유치원이나 수학 학원에 보내는 것이 아니라, 엄마 아빠가 매일 책을 읽어주는 것이다. 어릴 때부터 엄마 아빠와 책을 읽으며 행복감을 느낀 아이는 자연스럽게 책을 좋아하는 아이로 자란다.

《책 읽는 뇌》에서 매리언 울프 교수는 수십 년간 수행된 연구 결과를 근거로 부모나 다른 어른이 책을 읽어주는 소리를 들으며 보낸 시간의 양이 몇 년 후 그 아이가 성취할 독서 수준을 예언해주는 좋은 척도가 된다고 말한다. 그 이유는 엄마 아빠 무릎에 앉아 형형색색의 그림을 들여다보고 옛날이야기와 현대의 동화를 듣는 동안 서서히 종이 위에 있는 것이 글자이고 글자가 모여 단어가 되고 단어가 모여 이야기가 되며 그 이야기는 몇 번이고 반복해 읽을 수 있다는 사실을 배우기 때문이다. 이 연구 결과는 아이의 독서능력 발달에 무엇이 중요한 역할을 하는지 상징적으로 보여준다.

어린이집이나 유치원만 가봐도 아이들이 책 읽기에 크게 거부감을 보이지 않는다는 사실을 알 수 있다. 선생님이나 부모님이 책을 읽어줄 때 두 눈을 반짝이면서 더 읽어달라고 졸라대는 모습도 심심치 않게 목격될 정도다. 그런데 초등학교에 입학하고 학년이 올라갈수록 대부분의 아이들이 책과 멀어진다. 왜 그럴까? 여러 가지 이유가 있겠지만, 그중 한 가지는 아이에게 지루하게만 느껴지는 책을 읽으라고 강요하기 때문일 것이다.

초등학교 입학 전후로 아이들이 재미있어하는 책보다는 학교 수업에 도움이 되는 교과 연계 도서를 읽도록 권한다. 시도교육청이나 도서관 등 여러 기관에서 추천하는 권장도서도 빼놓을 수 없다. 볼거리가 가득한 스마트폰 대신에 책, 그것도 따분하게 느껴지는 책을 계속 읽으라고 하니 아이에겐 독서가 하기 싫어도 해야만 하는 숙제처럼 느껴진다. 취미로서의 독서는 사라지고 의무만 남는다.

실제로 많은 청소년들이 독서를 취미로 생각하기보다는

학교생활기록부에 기재하기 위한 기록용 활동이라고 여긴다. 성인이 돼서도 책 읽는 습관을 유지하려면 의무감으로 책을 읽을 것이 아니라 순수하게 책이 주는 재미와 즐거움을 느껴야 한다. 책을 놀이처럼 즐길 때 책에 푹 빠지고 계속해서 다른 책을 찾게 된다.

핀란드에서는 여덟 살이 될 때까지 글을 가르치지 못하도록 법으로 금지하고 있지만, 아이들의 읽기 수준은 세계 최고를 자랑한다. 아이가 책을 좋아하고, 학교를 졸업한 후에도 책을 즐겨 읽는 사람으로 살아가게 하는 것이 최고의 교육이라고 여기기 때문이다.

스마트폰 대신
책과 친해지는 방법

알파세대가 재미있어하는 놀거리는 모두 스마트폰 안에 들어 있다. 친구들과 만나서 노는 대신에 스마트폰으로 영상 통화를 하고 게임을 하고 SNS로 소통한다. 알파세대에게 가장 가까운 친구는 스마트폰이고, 제일 편한 친구도 스마트폰인 셈이다. 그도 그럴 것이 스마트폰만 켜면 매일매일 다른 재미를 주는 신나는 세계가 펼쳐진다. 이런 환경에서 살아가는 알파세대 아이들이 책에 흥미를 갖기란 현실적으로 매우 어렵다. 엄마 아빠가 아이에게 "스마트폰 그만하고 책 좀 읽어."라고 말해봤자 메아리로 돌아올 뿐이다.

동영상 시청이나 게임 같은 일방적으로 몰입하는 미디어 사용 시간을 줄이려면 아이가 스마트폰 말고도 재미있는 놀거리가 많다는 사실을 깨달아야 한다. 그러기 위해선 엄마 아빠가 아이와 함께 다양한 놀이를 하면서 시간을 보내는 것이 좋다. 특히 책과 친해지게 하고 싶다면 아이의 흥미를 끌 만한 책놀이를 준비해보자. 책으로 탑쌓기나 기차놀이 같은 비교적 간단한 놀이부터 이야기로 만화를 만들거나 연극으로 각색하는 등 다양한 책놀이를 즐기다 보면 아이도 책을 재미있는 놀잇감으로 받아들인다.

아이가 자기 소유의 스마트폰을 사용할 시기가 되면 스마트폰 사용에 관해 아이와 충분한 대화를 나누고 사용 규칙을 같이 정하는 것이 좋다. 자기조절능력이 아직 미흡한 시기이므로 스마트폰을 활용해 볼 수 있는 양질의 콘텐츠를 알려주고, 규칙으로 정한 시간 안에서만 시청하도록 지도해야 한다.

가장 중요한 것은 아이마다 성향이 다르므로 내 아이의 성향에 맞는 '책과 친해지는 방법'을 찾는 것이다. 책에 흥미를 붙일 수 있는 여러 방법을 하나하나 자세히 살펴보고, 아이에게 적합한 방법을 고민하고 정리하는 시간이 필요하다.

스마트폰 사용 시기를
최대한 늦추기

무엇보다 중요한 것은 아이가 스마트폰에 노출되는 시기를 최대한 늦추는 것이다. 그러나 현실적인 제약에 부딪혀 이를 지키기가 좀처럼 쉽지 않다.

퇴근 후 아이를 어린이집이나 유치원에서 데려와 씻기고 영상을 틀어주는 것이 지극히 당연한 일상이 된지 오래다. 아이가 매달리면 식사 준비와 집안일을 할 수 없으므로 "저녁 먹기 전까지만 보는 거야."라는 말과 함께 아이의 손에 스마트폰을 들려준다. 특히 아이와 외출했을 때는 스마트폰 사용에 더 관대해진다. 밖에서 아이가 지루해거나 짜증을 낼 때 스마트폰 하나로 아이를 쉽게 달랠 수 있기 때문이다.

손쉽게 아이를 달래주고 엄마 아빠에게 자유 시간도 주는 마법의 도구에 자꾸 손이 가는 건 당연하다. 그렇지만 아이를 위해 스마트 기기 사용에 좀 더 엄격해질 필요가 있다. 약속한 시각이 지났는데도 스마트폰을 더 보겠다고 소리를 지르거나 떼를 쓴다면, 엄마 아빠가 결단을 내려야 한다. 번거롭더라도 식사를 준비하거나 집안일 하는 시간을 아이와 놀이 시간으로 활용해보는 건 어떨까?

앞서 말했듯이 전문가들은 최소한 3세 이전에는 아이들에게 영상을 보여주지 말라고 말한다. 현란하고 자극적인 영상에 일찍 노출될수록 아이의 뇌 발달이 늦어지고, 뇌를 종합적으로 사용해야 하는 책 읽기를 싫어하게 될 뿐만 아니라 미디어에 중독될 위험이 높기 때문이다. 육아 프로그램에서도 영상을 못 보게 하거나 게임을 못 하게 하면 화를 내거나 짜증을 부리고 심하면 폭력적으로 변하는 아이들을 볼 수 있다.

아이의 스마트폰 의존도를 낮추기 위해서는 아이 앞에서 엄마 아빠가 최대한 스마트폰 사용을 자제해야 한다. 엄마 아빠는 스마트폰을 수시로 보면서 아이만 못보게 하면 당연히 반발심만 생긴다. 집에서 스마트폰을 사용하는 모습을 보이지 않아야 아이도 스마트폰을 사용하고 싶은 욕구가 줄어든다.

미디어에 노출되는 시기를 최대한 늦추고 스마트폰 사용 시간을 제한하는 것은 아이의 뇌 발달을 돕고 책 읽는 시간을 확보해준다는 장점이 있다. 게다가 엄마 아빠와 시간을 보내며 건강한 유대관계를 형성하고 정서적 안정감을 얻을 수 있다는 장점도 있다.

엄선한 영상을
TV로 시청하기

아이에게 영상을 보여줘야 한다면 지나치게 몰입할 위험이 큰 손안의 스마트폰보다는 TV를 활용하자. TV로 영상을 볼 때도 하루 시청 시간은 30분에서 1시간 정도가 적당하다. 이때 꼭 지켜야 할 것이 아이 혼자서 영상을 보도록 내버려 두지 않는 것이다. 될 수 있는 한 엄마나 아빠가 아이 옆에 붙어서 함께 영상을 보는 것이 좋다. 그래야 아이가 어떤 영상을 보는지 확인할 수 있고, 어느 것에 흥미를 느끼는지 파악할 수 있다. 또 시청 시간을 조절하는 데도 용이하다.

부득이하게 아이 혼자서 영상을 봐야 하는 상황이라면 TV의 시간제한 설정 기능이나 IPTV의 영상 시청 제한 기능을 활용해보자. 시청 제한 기능을 설정해두면 캐릭터가 나와서 "1개 봤어요. 2개 봤어요."라고 알려주고, 설정한 시간이 지나면 "오늘은 다 봤어요."라고 친절하게 알려준다.

아이와 함께 TV를 시청하면 영상과 관련해 아이와 이런 저런 대화를 나눌 수 있다는 장점이 있다. 아이에게 생각을 여는 질문을 던지고 이야기를 나누는 일을 반복하다 보면 아이가 영상을 수동적으로 보는 게 아니라 능동적으로 감상하게 되어 전두엽이 활성화된다. 게다가 아이가 흥미로워하는 주제를 가지고 얘기하다 보니 대화가 풍부해지고 상호작용도 활발하게 일어난다.

아이에게 보여줄 영상을 선택할 때도 유튜브 알고리즘이나 인기 동영상에 의존하기보다는 어린이 전문 채널에서 엄선한 영상이나 책과 관련한 영상을 보여주는 것이 좋다. 아이에게 양질의 콘텐츠를 보여주기 위해 약간의 수고로움은 감내하려는 마음가짐이 필요하다.

영상 시청 대신
다양한 놀이 즐기기

영상을 보는 대신에 아이와 함께 책을 읽거나 놀이하는 시간을 늘려보자. 책 읽기는 영상 시청보다 뇌의 다양한 영역을 사용하는 활동이다. 특히 지능을 담당하는 전두엽을 많이 사용해서 상상력이 발달한다.

《책 읽는 뇌》에 따르면 "책을 읽는 아이는 눈에 들어오는 시각 정보를 처리하는 양쪽 후두엽, 언어 이해에 필수적인 측두엽, 기억력과 사고력 등 인간의 고등 행동을 관장하는 좌뇌의 전두엽 부위들이 점점 빠른 속도로 상호작용하는 법을 배운다."고 한다.

책이 놀잇감이 되고, 책 읽기가 놀이가 되도록 재미있는 책놀이를 함께 해보자. 도서관을 방문해 다양한 책을 만나 볼 기회를 마련해주는 것도 좋다. 어릴 때부터 도서관을 자주 다닌 아이는 책을 친근하게 대한다. 도서관에서 운영하는 여러 가지 프로그램에 참여하는 것도 좋은 방법이다. 그림책 원화 전시나 작가와의 만남 등 책과 관련한 다양한 경험을 쌓는 것도 아이의 관심을 책으로 돌리는 데 큰 도움이 된다.

날씨가 좋은 날에는 동네 놀이터에 가서 아이와 몸으로 충분히 놀아주거나 다양한 체험을 할 수 있는 어린이 전시관을 방문해보는 것도 좋다. 아이들은 놀면서 사회성을 키우고 삶에 필요한 지식과 규칙을 배운다. 그 과정에서 지능과 인성이 발달한다. 아이의 오감을 자극할 수 있는 다양한 놀잇감도 준비해보자. 장난감 마트나 어린이 전문 쇼핑몰에서는 아이의 발달 단계에 맞는 다양한 놀잇감을 판매한다. 장난감이나 책을 대여해주는 온라인 플랫폼도 많다.

아이 나이와 발달 단계에 맞춰 매월 놀잇감과 책을 보내주는 정기구독 서비스에 가입할 수도 있다. 북클럽 서비스를 활용하는 엄마들은 "매월 3, 4만 원 정도만 내면 집으로 놀잇감과 책을 보내주니까 큰 노력을 들이지 않아도 아이와 재미있게 놀아줄 수 있어 좋아요. 주말에도 집에 있으면 자고 싶고 아이에게 종일 TV를 틀어줄 거 같아서 도서관에 가거나 놀이터에 나가요. 조금 더 여유가 있으면 체험학습을 신청해서 아이와 함께 가곤 해요."라고 말한다. 이렇게 조금만 손품을 팔면 아이의 성장 단계에 맞는 책과 놀잇감을 얼마든지 구할 수 있다.

따로 시간을 내서 어딘가를 방문하지 않아도 일상생활 속에서도 얼마든지 아이와 함께 놀면서 상호작용할 수 있다. 저녁을 먹고 아이를 씻겨주면서 하는 목욕놀이나 병원놀이는 아이의 촉감을 비롯해 오감을 발달시키는 데 도움을 준다. 이렇게 아이와 함께 다양한 놀이를 즐기다 보면 스마트폰을 보여주지 않아도 하루가 금방 간다.

아이의 관심사 알아보기

평소 책을 잘 읽지 않는 아이들의 관심을 책으로 돌리려면 어떻게 해야 할까? 무엇보다 아이의 관심이 현재 어디에 쏠려 있는지 파악하는 것이 중요하다.

요즘 아이가 좋아하는 장난감이나 캐릭터가 무엇인지 주의 깊게 관찰해보자. 만약 아이가 자동차 장난감에 빠져 있다면 자동차가 등장하는 책을 고르면 된다. 엄마가 먼저 '삐뽀 삐뽀' 소리를 내면서 책을 읽고 있으면 아이는 '엄마가 무슨 책을 읽길래 내가 좋아하는 자동차 이야기가 나오지?' 하는 궁금증에 엄마 곁으로 다가와 책을 들여다본다.

엄마가 재미있고 유익하다고 생각하는 책을 읽어줘도 아이는 별 관심을 보이지 않을 때가 많다. 아이의 관심을 책으로 돌리려면 엄마가 아니라 아이가 재미를 느낄 만한 책을 골라야 한다. 집에 아이가 좋아할 만한 책이 없거나 아이가 어떤 책을 좋아하는지 잘 모르겠다면 서점이나 도서관에 가서 아이에게 직접 책을 고르게 하는 것도 좋다. 이책 저책 둘러보면서 자기가 읽고 싶은 책을 직접 고르면 책에 흥미를 붙이기가 쉬워진다.

아이의 관심사를 알아보기 위하여 생각지도를 그려보는 것도 좋은 방법이다. A4 용지나 스케치북에다가 아이가 재미를 느끼는 것과 좋아하는 것이 무엇인지 머릿속에 떠오른 생각을 지도처럼 그려보게 하자. 색색의 필기도구와 스티커 등을 활용하면 더 재미있게 생각지도를 만들 수 있다. 아이가 아직 글을 쓸 줄 모르는 나이라면 엄마가 대신

써주면 된다. "우리 아이 머릿속엔 자동차도 있고, 흰 토끼도 있네. 또 뭐가 있을까? 얘기해주면 엄마가 적어볼게."라고 말하면서 아이의 관심사를 알아보자.

아이의 발달 단계에 맞춰 책 선택하기

책을 선택할 때 아이의 인지 발달과 심리사회 발달 상태를 고려하여 아이에게 적합한 책을 고르면 좋다. 인지 발달이니 심리사회 발달이니 하는 용어가 나와 어렵게 들리지만, 쉽게 말해 아이의 발달 단계와 읽기 수준을 고려해야 한다는 뜻이다. 아이의 발달 단계에 대한 이해 없이 아무 책이나 골라주면 읽기에 너무 쉽거나 어려워서 책에 흥미를 잃을 수 있다.

주말에 아이와 함께 서점이나 도서관을 방문해 다양한 책을 둘러보고 아이가 읽고 싶은 책을 스스로 고르게 하자. 물론 아이가 혼자 읽기 버거운 책을 선택할 수도 있다. 만약 아이가 매번 어려워하거나 지루해하면서도 같은 종류의 책을 선택한다면 "지난번에 고른 책과 비슷한 책인 것 같은데 또 골랐네. 이번에도 이 책을 읽고 싶어?"라고 물어보는 식으로 아이의 선택에 도움을 줄 수 있다. 하지만 아이가 다른 선택을 하도록 강요해서는 안 된다. 선택의 과정에서 엄마 아빠가 약간의 도움을 줄 수는 있지만, 최종 선택은 전적으로 아이에게 맡겨야 한다. 자신의 선택을 존중받고 인정받을 때 아이의 자율성은 무럭무럭 자란다. 더구나 직접 고른 책이기 때문에 그 책에 대한 애정도 남다를 수밖에 없다.

한 번 읽기 시작하면 책을 끝까지 읽어야 한다는 생각도 책과 친해지는 데 걸림돌이 될 뿐이다. 아이가 책을 읽다가 그만 읽고 싶다는 의사를 밝히면 언제든지 책을 덮는 것을 허용해야 한다. 이책 저책 꺼내 읽는 것도, 읽고 싶은 부분만 찾아 읽는 것도 괜찮다. 사람마다 책마다 읽기 방법이 달라지는 것이 독서다. 책 읽기를 의무화하고 책을 끝까지 읽어야 한다고 강요하면 아이는 책과 더 멀어지게 된다.

아이에게
책 읽어주기

책을 좋아하면 엄마 아빠가 얘기하지 않아도 아이 스스

로 책을 펼친다. 책을 좋아하는 아이로 키우고 싶다면 '책은 재미있고 즐거운 것'이라고 느낄 수 있도록 책에 대해 긍정적인 생각과 경험을 갖게 해주는 것이 중요하다. 그중 가장 손쉽고 효과가 좋은 방법이 엄마 아빠가 재미있게 책을 읽어주는 것이다.

아이에게 책을 읽어주면 아이의 생각 주머니가 자란다. 아이는 엄마 아빠가 읽어주는 이야기를 들으면서 단어를 배우고 36개월이 지나서는 그동안 들었던 단어를 말하게 되고 점점 문장 형태로 발화한다. 귀를 통해 들은 의미 있는 소리는 나중에 글을 배울 때도 빠른 이해를 돕는다. 이 시기에 다양한 책을 접할수록 아이의 어휘력과 배경지식은 폭발적으로 늘어난다.

많은 부모가 가능한 이른 시기에, 적어도 초등학교 입학 전까지 아이가 활자와 친해지고 글자를 익혔으면 하고 바란다. 아이 혼자서 책을 읽을 수 있으면 학교 공부에 도움이 되리라 생각하기 때문이다. 그러나 한글을 빨리 떼게 하려고 활자를 일일이 짚어주고 매번 글을 따라 읽게 하는 데만 집중하면 아이에겐 책 읽기가 재미없는 공부처럼 느껴질 수 있다.

글자를 익히는 데 연연해하지 말고, 엄마 아빠가 그냥

재미있게 책을 읽어주면 아이는 소리를 들으면서 자연스럽게 문자를 인지한다. 아이가 문자에 관심을 보일 때, 글자를 가르쳐줘도 늦지 않다. 글자를 읽고 쓰게 만드는 것보다 책을 좋아하게 만드는 게 먼저다.

아이가 글자를 알고 혼자 읽을 정도가 되면 더는 책을 읽어주지 않는 경우가 흔하다. 책을 읽어주는 게 힘들기도 하고, 혼자서 읽는 것이 독해능력을 기르는 데 도움이 된다고 생각해서다. 그러나 글자를 술술 읽을 수 있다 해도 아이가 원치 않을 때까지 엄마 아빠가 책을 읽어주는 것이 여러 면에서 더 효과적이다. 글자를 읽을 수 있는 것과 책 내용을 이해하는 것은 전혀 다른 차원의 영역이다. 내용을 제대로 이해할 수 있을 때까지는 어느 정도 읽기 훈련이 필요하므로 내용이 다소 어렵거나 글밥이 많은 책은 엄마 아빠와 함께 읽는 것이 좋다.

읽기 독립 후 아이가 혼자 책을 읽을 때 생길 수 있는 문제 중 하나가 책에 대한 흥미를 잃어버리는 것이다. 그러나 엄마 아빠가 책을 재미있게 읽어주고, 함께 읽은 책을 주제로 다양한 이야기를 나누면 아이가 지루할 틈이 없다. 책 읽기는 매번 새로운 대화를 끌어내는 최고의 놀이다. 이야기 속 등장인물이나 삽화, 엔딩 장면 등 아이와 주고

받을 수 있는 이야깃거리는 무궁무진하다.

책을 가지고 이야기를 나누는 책대화는 아이가 책을 읽고 내용을 얼마만큼 이해했는지 확인할 수 있는 아주 좋은 방법이기도 하다. 아이와 풍부한 책대화를 나누기 위해선 당연히 엄마 아빠도 책을 읽어야 한다. 만약 아이가 읽고 있는 책이 무슨 내용인지 전혀 알지 못한다면 아이가 책장을 넘기는 것만 보고선 '우리 애는 책도 잘 읽네.'라고 착각할 수 있다. 이러한 착각 독서는 부모가 책을 읽지 않기 때문에 일어난다.

엄마 아빠가 책을 읽어주는 시간은 아이가 상상의 나래를 마음껏 펼 수 있는 시간이기도 하다. 《해저 이만리》의 주인공이 되어 바닷속 괴물을 사냥하고, 《이솝우화》 속 여우가 되어 포도를 따 먹을 방법을 골똘히 생각하기도 한다. 책을 읽으며 매일매일 다른 나라로 여행을 떠날 수도 있고, 직접 가볼 수 없는 우주와 깊은 바닷속에도 들어가 볼 수 있다.

책 표지를 보면서 이어질 내용을 상상하고 책장을 한 장 한 장 넘기면서 그림에 관해 아이와 얘기하다 보면 어느새 이야기에 푹 빠져들어서 시간 가는 줄 모르고 책을 읽고 있는 아이를 발견하게 될 것이다.

놀이 중 자연스럽게
책 읽기

〈우리 아이 독서 경영〉세미나에 참석한 한 엄마는 아이에게 매일매일 책을 읽어주고 있는데, 아이가 엄마랑 책 읽는 시간을 무척 좋아한다고 했다. 장난감을 가지고 놀다가도 "엄마랑 책 읽을까?"라고 물어보면 장난감을 내려놓고 엄마에게 온다는 말에 다른 엄마들이 비법 좀 알려달라며 성화였다. 그런데 그 비법이란 게 특별한 것 없는 아주 간단한 방법이었다.

아이도 처음부터 엄마와 책 읽는 시간을 반긴 것은 아니었다고. 엄마랑 책 읽자는 말에 처음엔 다른 아이들처럼 더 놀고 싶다는 반응을 보였다고 했다. 그런 아이에게 "안 돼. 많이 놀았잖아. 이제 책 읽자!"라고 말하는 대신 "그럼 얼마나 더 있다가 책을 읽으면 좋을까?"라고 물어보고 아이 스스로 시간을 정하게 했단다. 아이가 "10분이요."라고 말하면 10분 뒤에 시간을 알려주고 함께 책을 읽었다고 했다. 엄마의 말은 이랬다.

"그만 놀고 책을 읽자고 하지 않았어요. 책 읽기도 또 다른 형태의 재미있는 놀이라고 느끼게 해주고 싶었거든요."

특별할 건 없지만 참 현명한 방법이다. 아이가 책 읽는 시간을 엄마 아빠와 노는 시간이라고 생각하면 책은 즐거운 놀잇감이 된다.

놀고 있는 아이 옆에서 엄마가 큰 소리로 재미있게 책을 읽는 모습을 보이면 아이는 '엄마가 뭘 보길래 저렇게 재미있어 하나?' 궁금해서 엄마 곁으로 다가온다. 그때 "이거 정말 재밌있다. 엄마랑 같이 볼래?"라고 물으면서 자연스럽게 책 읽기에 초대할 수 있다. 그러니 아이가 책 읽기에 익숙해질 때까지는 독서 시간을 따로 정해두지 말고, 놀이 중간중간에 자연스럽게 책을 읽어주자.

이때 주의할 것은 'TV 그만 보고 책 봐!', '게임하지 말고 책 좀 읽어!' 같은 말을 하지 않는 것이다. 아이가 좋아하는 놀이에 푹 빠져 있거나 영상을 보고 있을 때 책을 읽으라고 말하면 책에 부정적인 인식이 생기기 쉽다. 자기가 좋아하는 놀이나 게임을 하지 못하는 게 전부 책 탓이라고 생각하기 때문이다. 아이들의 독서 습관을 길러주기 위해서는 책 읽기를 강권할 것이 아니라 생활 속에서 자연스럽게 책을 접할 수 있도록 도와줘야 한다.

자기 전에
책 읽어주기

아기가 잠들기 전에 부모가 책을 읽어주는 잠자리 독서는 가정 독서의 기본이다. 엄마 아빠가 아이를 품에 안고 책을 읽어주면 아이에게 정서적 안정감을 심어주고, 부모와의 유대감을 높이는 데 도움을 준다.

매일 밤 책을 읽어주는 것은 쉽지 않은 일이다. 나 역시 너무 피곤해 졸린 목소리로 책을 읽어주다가 아이보다 먼저 잠든 적이 몇 번 있다. 그래도 우리 아이들은 엄마가 책을 읽어주는 시간을 정말 좋아했다. 엄마 품에 안겨서 책을 읽다가 잠자리에 드는 시간이 아이들에게 즐거운 하루의 이벤트가 되었던 것 같다.

나도 아이들과 함께 책 읽는 시간을 소중히 여겼다. 오롯이 아이에게만 집중할 수 있는 시간이었기 때문이다. 그래서 업무와 집안일에 쫓기는 날에도 두 아이를 곁에 두고 자기 전에 꼭 책을 읽어주었다. 엄마랑 책 읽는 시간을 기대하는 아이들을 위해 밤마다 사랑과 정성을 담아 책을 읽어주는 일에 최선을 다했다. 그 덕분에 두 아이 모두 책을 좋아하는 아이로 자랐다.

아이를 안아주며 자기 전에 책을 읽어주면 아이는 부모

의 목소리를 들으며 편안하게 잠들 수 있다. 또 부모와 안정적인 애착관계를 형성해 어른이 돼서도 건강한 인간관계를 맺는 데 도움을 준다. 한창 예민한 사춘기 때도 부모와 소통하고 함께 시간을 보내길 바란다면 더더욱 잠자리 독서 시간을 지켜야 한다.

아무리 바쁘고 신경 쓸 게 많다 해도 아이와 함께 책 읽는 10분의 시간도 낼 수 없는 부모는 많지 않을 것이다. 사랑하는 아이에게 집중할 수 있는 하루 10분을 확보하자. 그 10분이 쌓여서 책을 좋아하고, 평생에 걸쳐 부모와 친밀한 관계를 유지하는 아이로 자랄 것이다.

재미있는 이야기와 인생책 만나기

《문해력 수업》에서 말하길 오랜 기간 읽기에 매진하게 하여 인생을 변화시키는 힘은 '재미'에서 온다고 했다. 아이가 책을 들게 만드는 힘도 '재미있는 독서 경험'이라는 것이다. 맞는 말이다. 분명한 목표를 가지고 책을 읽더라도 일차적으로 재미있어야 한다. 재미는 책을 집중해서 읽고, 또 집요하게 읽게 만든다. 《공부머리 독서법》에서도 책을 싫어하는 아이를 독서가로 만들려면 책은 지루하고 골치 아프고 따분하다는 생각의 담을 허물어야 한다고 말한다.

책에 '몰입'한 경험이 있는 사람은 이야기의 힘을 안다. 이야기가 주는 기쁨과 재미를 느껴봤거나 책 속으로 스며드는 경험을 안겨준 인생책을 만나본 아이는 굳이 책을 읽으라는 말을 하지 않아도 계속 책을 찾아 읽는다.

우리 아들의 인생책은 바로 《당신이 옳다》라는 책이다. 아이는 세상 모든 사람이 이 책을 읽으면 좋겠다고 했다. 나에게도 강력 추천하기에 어떤 점이 그렇게 좋았냐고 물어봤다. 아이는 책을 읽고 난 뒤 다른 사람의 이야기에 공감하고 경청해주는 것이 얼마나 의미 있는 일인지 깨달았다고 했다. 그래서 세상 모든 사람이 이 책에 담긴 메시지를 이해하고 서로 존중하는 사회가 되었으면 좋겠다는 바람을 밝혔다.

누군가는 계속 독서를 하는 이유가 인생책을 만나기 위해서라고 말한다. 그만큼 내 생각을 바꾸고 인생을 바꿨다고 얘기할 수 있는 책을 만나기란 쉽지 않다. 그러나 인생책을 만난 순간 책이 가진 무한한 매력에 빠져 독서가로서의 삶을 살아간다.

책 읽고
소통하기

아이들은 책을 읽고, 그것에 대해 이야기를 나눌 사람을 원한다. 자신이 좋아하는 캐릭터나 인형, 로봇, 친구에 대해 조잘조잘 떠들고 싶은 것과 같은 마음이다.

올해 스무 살이 된 우리 딸은 지금도 자신이 좋아하는 아이돌이나 웹소설에 관해 엄마와 이야기하고 싶어 한다. 잘 모르고 관심도 없는 주제라 대화라기보다는 일방적인 수다에 가깝지만, 아이는 엄마가 자기 이야기를 잘 들어주는 것만으로도 만족하는 눈치다.

최근에 정세랑 작가의 《피프티 피플》을 읽었다. 이 책 역시 아들이 먼저 읽고 삶의 고단함과 슬픔, 그리고 그 안에서 희망을 엿볼 수 있는 책이니까 꼭 읽어보라며 추천해준 책이다. 책 제목 그대로 50명의 사람이 등장하는 옴니버스 소설인데 한 사람 한 사람의 사연이 애잔하면서도 씁쓸하게, 때론 따뜻하게 다가온다. 중학생이었던 아들은 이 책을 읽고 책에 관해 이야기를 나눌 사람이 필요하여 엄마에게도 그 감동을 전해준 것이다.

책은 부모와 아이 사이에 소통의 창구가 되어준다. 아이와 어떻게 대화할지 잘 모를 때 책을 주제로 삼으면 이야

깃거리가 풍부해진다. 예를 들어 날씨에 관한 책을 읽으면
아이에게 어떤 날씨를 좋아하는지, 왜 그런 날씨를 좋아하
는지 질문을 넌지시는 식으로 대화의 물꼬를 틀 수 있다. 또
아이가 좋아하는 동물이나 캐릭터가 등장하는 책을 함께
읽으며 이것저것 이야기를 나누다 보면 엄마와 아이 사이
에 공유되는 관심사가 하나 더 늘어난다. 이렇게 책을 읽
고 서로의 관심사를 공유할 때 이야기는 꼬리에 꼬리를 물
고 이어진다.

스마트폰
사용 규칙 정하기

초등학교 고학년이 되면 스마트폰 사용 시간이 늘어나
면서 아이와 의견 다툼이 잦아진다. 그로 인해 생기는 갈
등을 줄이려면 먼저 스마트폰에 대한 아이의 생각을 들어
봐야 한다. "요즘 애들은 책은 쳐다도 안 보고 스마트폰으
로 게임만 하고 있으니 참 문제야."라고 못마땅하게 여기
지 말고, 아이들의 눈높이에서 알파세대를 이해하기 위한
노력이 필요하다.

가장 추천하는 방법은 스마트폰을 사용할 때 장단점을

뽑아 아이들과 이야기를 나눠보는 것이다. 글로 자기 생각을 표현할 수 있는 나이라면 장점과 단점을 나눠 목록으로 만들고 서로의 생각을 비교해보면 좋다. 아이들과 이런 이야기를 나누는 사이 부모는 아이들의 마음을 헤아리게 되고, 아이들 역시 부모의 걱정하는 마음을 알게 되어 자꾸 잔소리하는 부모님을 향한 화가 수그러들 것이다.

가족회의를 통해 스마트폰 사용 규칙을 정한 다음 종이에 써서 잘 보이는 곳에 붙여놓고 온 가족이 스마트폰 사용 규칙을 지키기 위해 노력하는 것도 좋은 방법이다. 매일매일 잘 지키고 있는지 표시할 수 있게 달력 형태로 만들면 더 좋다. 규칙을 잘 지킨 날엔 아이가 직접 동그라미를 그려 표시하거나 스티커를 붙이게 해서 성취감을 느끼게 해주자. 한 주나 한 달 동안 규칙을 잘 지켰다면 아이가 좋아하는 음식을 해주거나 작은 선물을 주는 식으로 보상을 해주면 지속적인 효과를 거둘 수 있다.

몇몇 연구에 따르면 스마트폰 사용에 대한 부모의 개입이 높을수록 아이들이 스마트폰에 덜 의존하는 모습을 보였다고 한다. 이러한 연구 결과는 아이가 스마트폰에 과의존하는 것을 줄이기 위해 부모가 좀 더 적극적으로 개입할 필요가 있다는 것을 시사한다. 그렇다고 무턱대고 스마트폰을 금지하면 역효과가 날 수 있으니 아예 못 쓰게 할 것이 아니라 좀 더 지혜롭게 디지털 콘텐츠와 스마트폰을 활용하는 방법을 찾아보는 게 훨씬 더 효과적이다.

요즘은 자녀들의 스마트폰을 관리해주는 기능을 가진 다양한 앱들이 많다. 아이들에게 해로운 콘텐츠를 차단해주고, 어떤 앱을 주로 사용하는지 모니터링 해주는 등 올바른 스마트폰 사용 습관을 길러줄 수 있게 도와준다. 무엇보다 알파세대 부모에게 가장 큰 고민인 스마트폰 사용 시간을 관리하는 데도 많은 도움을 받을 수 있다. 앱을 내려받아 설치한 뒤 하루 총 사용 시간과 1회 사용 시간을 설정해주면 끝이라서 아주 간단하게 이용할 수 있다.

이때 두 가지 주의할 점이 있는데, 첫 번째는 제한 시간을 정할 때 부모가 일방적으로 통보하지 말고 아이와 충분히 대화를 나눈 뒤 결정해야 한다. 어느 정도 이해가 따라야 아이도 규칙을 잘 지킬 수 있다. 두 번째는 약속한 시각 5분 전에 미리 알려주어 아이가 마음의 준비를 할 시간을 줘야 한다. 딱 정각에 시간이 다 됐다고 알려주며 스마트폰을 끄라고 하면 아이는 보던 영상이나 게임이 끝나지 않아 화를 내거나 짜증을 낼 수 있다.

만약 아이가 스마트폰을 좀 더 하겠다고 고집을 피운다

면 약속한 시각이 됐으니 무조건 꺼야 한다고 다그치기보다는 아이의 마음에 공감하면서 아이를 격려해보자.

"영상이 너무 재미있어서 시간 가는 줄을 모르겠지? 엄마도 잘 알아. 하지만 영상 보는 시간을 잘 지키고 숙제도 하고 책도 읽기로 목표를 세웠잖아. 힘들어도 참고 목표를 이룬다면 정말 멋지겠지?", "5분 남았어. 남은 5분 동안 재미있게 보고 약속한 시각이 되면 그만 보자. 내일 또 이어서 보면 되니까. 보고 싶어도 약속을 지키려는 노력이 정말 대단한걸! 최고예요!" 이렇게 아이의 마음에 공감하며 격려의 말로 설득한다면 스마트폰 사용 시간을 점차 줄여나갈 수 있을 것이다.

아이들도 엄마 아빠의 미디어 시청과 스마트폰 사용에 대해 할 말이 많다. "엄마가 저보다 TV를 더 많이 봐요.", "아빠 맨날 누워서 스마트폰만 보는데 저는 왜 안 돼요?", "엄마 아빠도 책 안 읽잖아요. 왜 저한테만 보라고 해요?" 와 같은 이야기를 한다. 아이들이 볼 때 어른들의 미디어와 스마트폰 의존도가 지나치다고 생각하는 것이다.

부모가 스마트폰을 많이 사용할수록 영유아의 스마트폰 사용 시간도 함께 증가한다. 아이들의 스마트폰 의존도를 낮추려면 부모 먼저 스마트폰 사용 시간을 줄여야 한다. 아이에게 올바른 스마트폰 사용 습관을 길러주기 위해서는 아이와 부모 모두 미디어와 스마트 기기에 지나치게 의존하고 있음을 인정할 필요가 있다. 그리고 가족 모두가 스마트폰 과의존 문제를 해결하기 위하여 노력해야 한다.

종이책과 디지털을 아우르는
독서력 기르기

사용자가 좋아할 만한 영상을 추천해주는 각종 동영상 플랫폼과 OTT 서비스가 넘쳐나는 세상에서 취미가 독서라는 말은 옛말이 된지 오래다. 스마트폰이 보편화된 2015년 이후로 급감하는 독서량은 이러한 현실을 적나라하게 보여준다. 재미있는 영상을 시청하고 있으면 책을 읽고 싶은 생각이 들지 않는다. 그건 어른도 마찬가지다. 1인 미디어 시대를 살고 있는 알파세대 아이들은 더 그렇다.

책보다는 영상을 보는 것을 좋아하는 아이의 관심을 책으로 돌리기 위해선 어떻게 해야 할까? 미디어를 차단하고 책을 보도록 엄마 아빠가 계속 노력하면 될까? 일부 효과는 있겠지만, 그 과정이 매우 더디고 고통스러울 것이다. 그보다는 아이가 좋아하는 영상 매체를 활용해 책에 흥미를 갖게 만드는 방법이 훨씬 간단하고 효과적이다.

요즘 동영상 플랫폼이나 IPTV 서비스를 살펴보면 책을 활용한 콘텐츠들이 많다. 책을 소개하는 영상이나 책을 주제로 한 콘텐츠를 보여주면 아이의 관심을 책으로 돌리기 쉽다. 영상으로 봤던 책을 도서관이나 서점에서 발견한 순간 아이는 무척 반가워한다. 그 책을 사거나 빌려와 집에서 엄마 아빠와 함께 읽으면 아이는 영상과는 또 다른 책이 주는 재미를 맛볼 수 있다.

최근엔 유용한 책 읽기 앱들도 많이 나와 있다. 다양한 독서 앱 중에서 단순하게 영상만 보여주는 앱보다는 다양한 상호작용 활동을 제공하는 앱을 활용하는 것이 좋다. 엄마 아빠가 책을 읽으면 목소리가 녹음되어 아이가 원할 때마다 들을 수 있는 앱도 있으니, 책을 읽어줄 수 없는 불가피한 상황에 이용하면 좋겠다.

아무래도 아이들은 책을 활용한 영상보다는 캐릭터가 나오는 영상을 더 좋아한다. 캐릭터 영상을 보기 전에 책 관련 영상을 몇 개 보기로 약속하고, 좋아하는 영상을 보여주는 것도 지혜로운 방법이다. 책 읽어주는 영상을 틀어줄 때 캡션 기능을 켜고 자막을 함께 보여주면 글자를 익히는 데도 도움을 준다.

스마트폰이나 태블릿을 적으로 간주하고 싸우기보다는 장점을 최대한 살리는 방향으로 전략을 바꿔보자. 디지털 매체를 잘 활용하면 책에서는 볼 수 없는 다양한 형태의 콘텐츠를 통해 더욱 생동감 있고 재미있게 지식을 습득할 수 있다. 유치원이나 학교에서도 아이들의 이해를 높이기 위해 다양한 멀티미디어 자료를 활용한다.

아이들은 영상을 보면서 주변에서 보기 어려운 동물이나 식물의 특징을 배울 수 있고, 직접 가보기 어려운 남극이나 북극의 자연환경도 간접적으로 체험할 수 있다. 우주에 관한 영상을 보면서 우주여행을 꿈꿀 수도 있고, 바닷속 영상을 보며 해양 생태계에 관한 지식도 얻을 수도 있다.

알파세대는 스마트 기기를 활용해 공부한다. 생생한 영상과 다양한 상호작용까지 가능한 콘텐츠들이 가득 담긴 태블릿이 종이 학습지를 대신한다. 아이의 특성과 취향을 파악해 맞춤형 서비스를 제공하니 즐겁게 한글, 영어, 수학, 과학 공부를 이어갈 수 있다. 그래서 그런지 최근 유아 전용 스마트 태블릿이 큰 인기를 끌고 있다. 부모들도 이제 책으로만 학습하는 시대가 아니라, 미디어 콘텐츠를 적절히 활용할 때 공부에 더 효과적이라는 사실을 받아들인 것이다.

알파세대 자녀를 둔 부모에게는 종이책과 디지털 매체를 조화롭게 활용하는 지혜가 필요하다. 전통적인 문해력뿐만 아니라 디지털 문해력을 길러주기 위한 노력도 필요하다. 알파세대 아이들은 글을 읽고 이해하는 능력을 바탕으로 디지털 기기를 활용하고 미디어 콘텐츠를 생산하는 창작자로서 살아가게 될 것이기 때문이다.

책 읽는 부모가
책 읽는 아이를 만든다

아이가 알아서 책을 읽겠지 하고 그냥 내버려 둘 때 꾸준히 책을 읽는 아이는 매우 드물다. 이것이 아이의 독서 습관을 형성하기 위해 어릴 때부터 엄마 아빠가 적극적으로 노력해야 하는 이유다. 많은 부모가 우리 아이는 책을 좋아하는 아이로 자랐으면 하고 바라지만, 가정 내 독서 문화가 자리 잡지 않은 상황에서 아이가 책을 열심히 읽기를 기대하는 것은 부모의 욕심이라고 볼 수밖에 없다.

부모님 중에는 학창시절에 문학소녀, 문학소년이라는 말을 들었을 정도로 책을 즐겨 읽었던 분도 있을 것이고, 별다른 놀거리가 없었던 시절이라 친구들 사이에 유행했던 책을 돌려봤던 기억도 있을 것이다. 그러나 대학교에 가면 다들 약속이나 한 듯이 전공서를 제외한 책들은 거의 읽지 않는다. 사회생활을 시작하면 이런 현상은 더 심해진다.

직장에 다니면서 아이를 키우기도 바쁜데 언제 책을 읽냐는 아주 좋은 핑계까지 생긴다. 아이에게 책을 읽어주면서 다시금 독서의 유용함과 중요성에 대해 깨닫게 되지만, 그것도 아이와 관련한 책에 국한된다. 그러나 책 읽기가 우리 삶에 주는 유익함은 아이에게만 해당되는 것이 아니다. 우리 주변을 둘러보면 책을 읽고 실제 생활에 도움을 받았다는 사람들이 참 많다.

수십만 부씩 팔린 자기계발서나 유명 독서 유튜버를 봐도 "책을 읽고 새롭게 살아갈 힘을 얻었어요.", "우울증과 불안을 극복했어요.", "사람들과 대화하는 법을 배우고 사회생활이 편해졌어요.", "무료한 일상에 즐거움을 주는 소설을 읽다가 작가가 되었어요." 등 독서로 제2의 인생을 살게 됐다고 증언하는 경우를 심심치 않게 볼 수 있다. 그만큼 책 읽기는 인생에서 길을 잃고 방황하는 이들에게 새로운 길을 열어줄 만큼 강력한 힘을 발휘한다.

책 읽는 부모가 책 읽는 아이를 만든다. 부모인 우리가 아이에게 물려줄 유산 가운데 하나는 책을 좋아하는 사람으로 자랄 수 있게 가정에서 책 읽는 문화를 가꾸어 나가는 게 아닐까.

아이의 문해력을
좌우하는 부모

아이의 뇌는 무한한 가능성을 가지고 있고, 그 가능성은 아이를 양육하는 방식에 따라 달라진다. 스펀지처럼 경험하는 모든 것을 받아들이는 시기에 엄마 아빠가 책을 읽어주면 아이는 책을 보고, 영상을 틀어주면 영상을 본다. 엄마 아빠가 무엇을 보여주느냐에 따라 아이의 독서력과 문해력이 달라지는 것이다.

엄마 아빠가 책 읽는 모습을 보고 자란 아이는 자연스럽게 부모를 따라 책을 읽는다. 아이가 책과 친해지려면 엄마 아빠의 삶에도 책이 스며들어야 한다. 온 가족이 책에 스며들 때 아이는 독서를 일상생활이자 습관으로 받아들인다. 온 가족의 일상에 독서가 자연스럽게 뿌리 내리기 위해선 어떻게 해야 할까?

먼저 엄마 아빠가 책과 친해져야 하는 이유에 대해 깊이 공감하고 시간이 날 때마다 책을 읽어야 가능하다. 배울 만큼 배웠으니 책은 안 읽어도 된다고 생각하는 부모 아래서 자란 아이가 알아서 책을 읽길 바라는 것은 매일 라면만 먹는 엄마 아빠가 아이만은 건강식을 먹길 바라는 것과 같은 욕심이지 않을까.

가정에 책 읽는 문화가 형성되면 아이는 자연스럽게 책을 좋아하고 즐겨 읽는다. 아이에게 책 좀 읽으라고 잔소리하기 전에 부모인 나의 독서력부터 점검해보자.

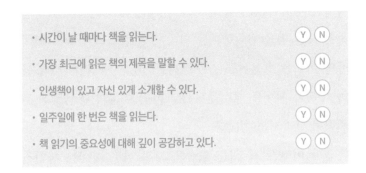

- 시간이 날 때마다 책을 읽는다. Y N
- 가장 최근에 읽은 책의 제목을 말할 수 있다. Y N
- 인생책이 있고 자신 있게 소개할 수 있다. Y N
- 일주일에 한 번은 책을 읽는다. Y N
- 책 읽기의 중요성에 대해 깊이 공감하고 있다. Y N

앞의 질문에 3개 이상 '그렇다'고 답했다면, 책을 좋아하는 아이로 자랄 수 있는 가정환경이 마련된 것이다. 하지만 2개 이하로 답했다면 우리 집 독서 문화를 위해 하루라도 빨리 책을 펼치는 것이 좋겠다.

엄마 아빠가 책을 읽으면 아이도 책을 읽는다는 연구는 무수히 많고, 우리 주변에도 이 사실을 증명해주는 사례를 쉽게 찾을 수 있다. 그만큼 아이의 독서 습관은 부모에 따라 결정된다. 가정 독서의 중요성을 마음 깊이 깨닫고, 엄마 아빠의 마음이 책으로 향할 때 아이들의 마음도 책을 향해 서서히 열릴 것이다.

온 가족이
책에 스며들기

유명 연예인 A씨는 아이들에게 책을 읽게 하려고 집에 있을 땐 항상 책을 읽고 있는 모습을 보여줬다고 한다. 저렇게까지 해야 하나 싶지만, 그만큼 아이들은 부모가 하는 모습을 그대로 따라 한다. 애들 앞에서는 찬물도 함부로 못 마신다는 옛말도 있지 않은가.

미디어가 발달하지 않은 과거에는 어른이나 아이 할 것 없이 지금보다 책을 많이 읽었다. 여가를 재미있게 보낼 놀거리가 책 외에는 없었기 때문이다. 그러나 미디어의 홍수 시대에 사는 지금, 책을 가까이하기 위해선 아이는 물론이고, 어른도 의식적인 노력을 기울여야 한다.

매리언 울프는 《책 읽는 뇌》에서 "인류는 책을 읽도록 태어나지 않았다. 독서는 뇌가 새로운 것을 배워 스스로 재편성하는 과정에서 탄생한 인류의 기적적 발명이다."라고 말했다. 인간의 유전자엔 독서능력이 새겨져 있지 않기 때문에 뇌가 새로운 것을 배울 수 있도록 책 읽기 훈련이 필요하다는 말이다.

앞에서 누누이 말했듯이 아이에게 책 읽는 습관을 만들어주기 위해선 일정 이상 엄마 아빠의 노력이 필요하다.

아동 전집을 사 주고 끝! 이런 게 아니라 아이가 책을 읽게 할 다양한 방법을 고민하고 실천해야 한다. 그리고 그 노력 가운데 가장 좋은 방법은 엄마 아빠가 아이와 함께 책을 읽는 것이다.

가정에서 책을 읽는 시간은 복잡하고 경쟁이 심한 사회 속에서 자신감을 잃고 자존감이 낮아진 아이의 마음을 다독여주고, 아이의 속마음을 들여다볼 기회를 마련해준다. 책을 매개로 시작한 대화가 자연스럽게 학교나 일상 이야기로 이어지기 때문이다. 온 가족이 책을 읽으면 나와 다른 이들을 이해하는 마음의 깊이도 달라져 가족 간의 충돌이나 갈등도 줄어든다.

부모가 일과를 마치고 거실에서 책을 읽고 있으면 아이들도 으레 그 시간에 책을 읽는다. 아이의 밥을 챙기고 건강을 챙기듯이 부모가 생활 속에서 책을 가까이하면 집안에 독서 문화가 자연스럽게 자리 잡는다.

아이 앞에서 안 읽던 책을 갑자기 읽으려니 쑥스럽고 어색할 수도 있다. 하지만 하루 단 10분이라도 좋으니 매일 책 읽는 시간을 가져보자. 꾸준히 독서 시간을 갖다 보면 아이가 변하고 집안 분위기가 변하는 효과를 느리지만 강력하게 느끼게 될 것이다.

이스라엘과 핀란드 가정의
독서 문화

이스라엘 사람들은 매주 토요일에 아이와 함께 책을 읽고 하브루타 방식으로 대화를 나눈다고 한다. 유대인들의 전통적 교육법인 하브루타는 2명씩 짝을 지어 서로 질문하고 설명하고 논쟁을 벌이는 교육방법이다.

이스라엘 사람들은 세계 최고 수준의 독서율과 독서량을 자랑하는 독서 민족이자 2020년까지 무려 33명의 노벨상 수상자를 배출하여 세계에서 가장 머리가 좋은 민족으로 알려져 있다. 2014년 기준 이스라엘 성인의 연간 독서량은 68권으로 세계 1위를 차지한 바 있다.

반면에 한국은 책을 가장 안 읽는 나라 중 하나다. 한 사람이 연간 2권의 책도 읽지 않는다. 그런 까닭에 아이들뿐만 아니라 어른들의 문해력도 심각한 수준이다. 최근 OECD가 실시한 국가별 문해력 조사에서 한국은 회원국 중 최하위로 뽑히는 불명예를 안았다.

아이의 독서교육을 학교와 학원에만 맡겨두고 가장 많은 시간을 머무는 가정에서 아무것도 하지 않는다면 책을 읽지 않는 아이는 점점 많아질 것이다. 사실 우리 교육 현실에서 아이들의 책 읽기는 학교 공부에 우선순위를 빼앗

긴지 오래다. 그러나 아이의 미래를 생각했을 때 당장의 성적에 연연해서 책 읽기를 뒤로 미루는 게 현명한 일이지는 깊이 고민해볼 일이다.

핀란드의 경우 저녁 식사 후에 온 가족이 둘러앉아 책을 읽는 일이 당연한 일상이고, 그 어떤 일보다 최우선으로 여긴다고 한다. 2013년 OECD가 조사한 핀란드의 15세 이상 독서율은 83.4퍼센트로 OECD 국가 중 1위고, 도서관 이용률은 66퍼센트로 스웨덴에 이어 2위를 차지했다(한국의 도서관 이용률은 32퍼센트에 불과하다). 핀란드는 정부 차원에서 '독서 제도화'를 추진하고 있고, 학교 교과의 모든 수업을 교과서가 아닌 '책'으로 진행한다.

이스라엘과 핀란드의 높은 독서율은 어떻게 가능한 것일까? 두 나라의 공통점은 어릴 때부터 책 읽는 문화가 가정 내에 자연스럽게 형성되어 있다는 것이다. 이스라엘 부모들이 매일 밤 아이들에게 책을 읽어준다는 것은 전 세계적으로 유명한 사실이다. 잠들기 전 아이와 함께 책을 읽고 이야기를 나누는 시간을 갖는다고 한다. 이렇게 이스라엘 가정에는 사랑을 담아 매일 아이들에게 책을 읽어주는 문화가 정착되어 있다. 핀란드 역시 마찬가지다.

사교육 비용 지출이 OECD 국가 중 1위인 한국은 시험

성적을 올리는 데 혈안이 되어 있고, 그 때문에 정작 실생활에서 가장 필요한 독서교육은 뒷전으로 밀려난 실정이다. 문해력 부족 현상도 점점 심해져 전 세대를 걸쳐 심각한 사회문제로 떠오르고 있다.

이제는 좋은 대학에 입학하는 것이 아이의 미래를 보장할 거라는 신화에서 벗어날 때다. 아이들이 미래사회를 살아가는 데 꼭 필요한 핵심역량인 문해력을 갖출 수 있도록 교육의 우선순위를 바꿔야 한다.

새로운 지식을 습득하는 책 읽기

현대사회는 빠른 속도로 변화하고 있고, 사람의 수명은 점점 더 길어지고 있다. 결과적으로 학창 시절에 배운 지식을 가지고 평생직장을 영위하기 어려워진 것이 지금의 현실이다. 많은 직장인이 회사에 다니면서 새로운 학위를 따기 위해 공부하고 자격증 시험을 준비하는 것도 이런 이유에서다.

평소 관심 있는 분야나 새로운 분야의 책을 읽고 지식을 습득하면 기존의 것과 새로운 지식을 융합하는 창의력이 생긴다. 고정관념에서 벗어나 유연하게 사고할 수 있는 능력도 길러진다.

부모가 책을 읽으면 아이가 성장하는 과정에서 아이들을 믿고 기다릴 줄 아는 여유가 생긴다. 당장의 시험 성적에 일희일비하지 않는 내공도 길러진다. 빠르게 변화하는 세상에 불안해하는 대신 어떻게 살아가야 할지 미래에 대한 안목이 길러지기 때문이다.

아이의 말에 경청하고 아이의 마음에 공감해주는 부모가 되고 싶은가. 그때도 책을 읽어야 한다. 아동 인지와 심리 발달에 관한 책을 읽고 아이의 말과 행동을 관찰하면 아이의 마음을 읽는 데 도움을 받을 수 있다. 아이의 내적 성장에 도움이 되는 대화의 기술도 얻을 수 있다. 이런 부모의 노력이 선행될 때 큰 혼란을 겪는 사춘기가 되어서도 부모와 소통하며 학교 안팎으로 생기는 여러 문제를 지혜롭게 풀어가는 아이로 자라날 것이다.

책 읽기는 학창 시절에 머물러 있는 나의 지식을 현시대에 필요한 지식으로 업그레이드하게 도와주고, 삶에 지친 마음을 위로하는 영혼의 보약이 되어준다. 부모가 책을 읽고 긍정적인 관점으로 미래를 바라볼 때 아이들도 책을 읽으며 미래를 개척하고 자신만의 꿈을 가꿔 나갈 수 있다.

회복탄력성을
기르는 책 읽기

사실 이 책을 읽는 독자라면 책을 읽어야 하는 이유를 일일이 설명하지 않아도 책이 인생의 든든한 동반자가 되어준다는 사실을 이미 잘 알고 있다.

《치유의 독서》와 《성장의 독서》의 작가 박민근 소장은 현대인들의 '우울'과 '불안'을 이겨낼 힘은 책에 있다고 말하면서 15년간 독서치료를 통해 새롭게 살아갈 희망을 찾은 사람들의 이야기를 우리에게 들려준다. 그러면서 작가 자신도 상처에 연고를 바르듯이 마음이 아픈 날엔 꼭 책을 읽었다고 한다.

인생이라는 마라톤을 완주하려면 장애물에 걸려 넘어지고 지쳐 쓰러지는 순간을 현명하게 이겨내야 한다. 친구나 식구들한테도 털어놓을 수 없는 아픔에 혼자 끙끙댈 때 책을 통해 조용한 위로를 받고 앞으로 나아갈 힘을 얻었다는 이야기를 종종 듣는다. 심리상담사들도 내담자에게 심리치료에 도움이 되는 책 읽기와 상담을 병행하기도 한다. 그만큼 책은 '성장과 치유의 약'이라고 불릴 정도로 한 사람의 인생을 인도하는 안내인이자 영혼의 치료제가 되는 강력한 힘을 가지고 있다.

책은 실패 앞에서도 의연하게 일어날 수 있는 회복탄력성을 길러준다. 아이들이 불확실한 미래에 대한 불안으로 흔들릴 때 긍정적인 태도로 현재의 삶을 살아갈 방향키를 갖게 하고 싶다면 엄마 아빠가 책을 읽어야 한다. 내면에 내공이 쌓인 부모는 인생에서 막다른 길을 만났을 때 새로운 길을 찾게 도와주는 '책 읽기'라는 내비게이션을 아이들에게 선물할 수 있다.

꾸준한
책 읽기의 힘

어떤 목적이나 필요 없이 막연히 책을 읽겠다는 생각으로 독서를 시작한다면 작심삼일로 끝날 가능성이 크다. 적어도 매일 자기 전에 또는 하루 몇 분씩이라도 책을 읽겠다는 구체적인 목표를 세우는 것이 좋다. 그렇게 목표를 정하고 책을 읽기 시작하면 다음 내용이 궁금해서라도 계속해서 책을 펼치게 된다.

나는 매일 목표를 세우고, 달성 여부를 확인하는 앱을 잘 활용하는 편이다. 할 일을 입력하고 수행하면 포인트를 주는데, 받은 포인트를 활용해서 가상현실 속 다양한 아이템을 구매한다. 또 다른 앱은 같은 목표를 공유한 사람들과 챌린지 목표를 정한 뒤 미리 결제한 참가비를 목표를 달성한 사람들끼리 나눠 갖는 방식이다. 이런 앱을 활용해 매일 책을 읽는 데 큰 도움을 받고 있다. 뭐든지 혼자 하는 것보다는 다른 사람과 같이 하는 것이 지속적인 습관을 유지하는 데 도움이 된다. 좋은 습관을 만들려면 꾸준한 노력이 필요하다. 혼자서 독서 생활을 이어나가기 어렵다면 나처럼 이런 앱을 활용하는 것도 좋겠다.

《독서력》의 저자 사이토 다카시는 "독서는 머리로 하는 것이 아니라 지금껏 축적된 독서량으로 하는 것이다." 라고 말했다. 그러면서 일단 100권의 책을 읽을 것을 권한다. 그의 경험에 따르면 100권의 독서는 질적인 변화를 일으키는 경계선이다. 즉 책 읽는 습관을 만들고 어떤 책이든 실패없이 정확하게 읽어나갈 수 있는 기준이 대략 100권인 것이다.

100권의 독서는 뭐든지 1만 시간을 투자하면 전문가가 된다는 말콤 글래드웰의 '1만 시간의 법칙'을 적용한 분량이다. 책 한 권을 나흘 동안 읽는다고 치면, 100권을 읽는 데 걸리는 시간이 9,600시간으로 대략 1만 시간을 투자하는 셈이다.

한 분야의 책을 100권 읽으면, 그 분야의 전문가에 버금가는 실력을 키워준다. 어떤 분야에서 학부 졸업장에 해당하는 지식을 쌓으려면 100권의 책을 읽으면 된다. '100권을 언제 다 읽을까'하는 부담감은 내려놓고 읽고 싶은 책을 매일매일 읽으면 한 권 두 권이 쌓여 100권째 책을 읽게 되는 날이 온다.

독서 목표를 달성하기 위해 읽은 책을 기록하는 것도 좋은 방법이다. 책을 읽다 보면 연관된 다른 책들도 읽게 되고, 이해력이 높아져서 읽는 속도가 빨라지고 책 읽기에 재미가 붙는다. 그렇게 자꾸 읽다 보면 책에 대한 감상을 다른 사람에게 말로 전하거나 글로 표현하고 싶은 욕구가 싹튼다.

《1천 권 독서법》의 전안나 작가는 틈만 나면 책을 읽는 엄마다. 그는 오랫동안 몸 바쳐온 직장생활에 대한 회의, 더 좋은 엄마가 되지 못하는 자신에 대한 불만, 대학원 진학 실패 등 여러 문제가 겹치면서 우울증과 식욕부진, 불면증에 시달리던 중 기적처럼 독서의 기쁨을 알게 되어 매일 책을 읽기 시작했다고 한다. 그렇게 3년 10개월간 1천 권의 책을 탐독하면서 자신을 다독이고 사랑하는 법을 깨닫게 되었고, 작가로 거듭나게 되었다고 했다.

꾸준한 독서의 힘은 우리가 생각하는 것 이상으로 훨씬 강력하다. 지금 당장 습관적인 인터넷 검색과 쇼핑, TV 시청을 멈추고 가족의 삶을 풍요롭게 채워줄 책 읽기를 시작해보는 게 어떨까.

2부

알파세대를
위한
독서코칭

책을 처음 접하는 아이

영유아기 때 엄마 아빠가 책을 읽어주는 것은 아이의 뇌 발달에 도움을 준다. 책 읽기는 다양한 정보, 특히 시각과 청각, 언어와 언어의 의미를 연결하고 통합하는 종합적인 능력을 요구하는 활동이다. 따라서 이 시기 엄마 아빠가 재미있게 책을 읽어주면 아이의 오감을 자극하여 신체와 인지·정서 발달에 두루두루 좋다. 또 책을 읽어주는 동안 아이는 엄마 배 속에서 들었던 부모의 목소리에 정서적 안정감과 행복감을 느낀다.

아이가 책을 처음 접할 때 주의할 점은 아이에게 글자를 가르쳐주려 하지 말고 재미있는 이야기를 들려주듯이 책을 읽어줘야 한다는 것이다. 문자 습득을 목표로 하지 않아도 아이는 책을 읽어주는 엄마 아빠의 목소리를 들으며 때가 되면 자연스럽게 글자를 익힌다.

단어카드를 보여주고 단어를 알려주는 적기는 5세 이후다. 아이가 책을 처음 접할 때는 글자는 적고 그림이 많은 책을 선택해 하루에 몇 분씩 짧게 읽어주는 것이 좋다.

특히 이 시기 아이의 발달 특성을 이해하고, 그에 맞는 책과 독서법을 선택하는 것이 중요하다. 아이마다 발달 속도와 양상이 다를 수 있으므로 아이의 읽기 수준을 점검해가며 독서코칭 전략을 활용하는 것이 좋겠다.

0~3세
인지 발달

세 자녀가 성장하는 과정을 지켜보면서 인지 발달 이론을 정립한 스위스의 심리학자 장 피아제 Jean Piaget 는 인지능력은 4단계를 거쳐 발달한다고 주장했다. 인지란 여러 가지 방법을 거쳐 정보를 기억에 저장한 뒤 이를 사용하기 위하여 인출하는 과정을 말한다. 인지 발달의 각 단계에 도달하는 데는 개인의 지능이나 사회환경에 따라 차이가 있을 수 있지만, 발달 순서는 바뀌지 않는다. 발달 단계는 감각운동기(만 0~2세), 전조작기(만 2~7세), 구체적 조작기(만 7~11세), 형식적 조작기(만 11세 이후)로 구분한다.

0~3세는 감각운동기 단계이다. 이 단계에 있는 아이는 주어진 자극에 반사적으로 반응한다. 빨기, 쥐기, 때리기와 같은 반사 활동을 반복하고, 순전히 감각 운동에 기초하여 행동한다. 따라서 0~2세 아이에게는 아이가 쥐고 빨 수 있는 헝겊책이나 바스락바스락 소리가 나는 책처럼 촉각이나 청각을 자극하는 다양한 형태의 책을 보여주면 좋다.

18개월까지는 어떤 대상이 눈앞에서 사라져도 계속 존재한다고 믿는 대상영속성 개념이 발달하지 않았기 때문에 이 시기 아이들은 까꿍놀이를 좋아한다. 얼굴을 가렸다가 보여주며 '까꿍'이라고 말하면 아이는 '까르르' 웃으며 격한 반응을 보인다. 그래서 0~2세 아이들에게《까꿍 엘리베이더》나《달님 안녕》과 같이 주인공이 사라졌다가 등장하는 책을 보여주면 아주 좋아한다.

3세가 되면 보이지 않는 대상의 이미지를 상상할 수 있기 때문에 엄마가 눈 앞에 없으면 울면서 엄마를 찾는다. 또 엄마 아빠의 행동을 흉내 내는 능력이 발달하는 시기라서 부모가 사운드북의 버튼을 눌러서 소리를 들려주면 아이 혼자 버튼을 눌러 소리를 재생하며 논다. 책장을 펼칠 때마다 다른 그림이 보이는 팝업북 역시 엄마가 책을 열었다가 닫았다 하는 행동을 보고 따라 한다.

0~3세
심리사회 발달

심리사회 발달 이론을 정리한 미국의 심리학자 에릭 에릭슨Erik Erickson은 인간의 심리사회 발달 과정을 8단계로 구분하였다. 1단계는 '신뢰감 대 불신감', 2단계는 '자율성 대 수치심/회의감', 3단계는 '주도성 대 죄책감', 4단계는 '근면성 대 열등감', 5단계는 '정체성 대 역할 혼미', 6단계는

'친밀감 대 고립감', 7단계는 '생산성 대 침체성', 8단계는 '통합성 대 절망감'이다.

단계마다 성취해야 할 발달 과정과 극복해야 할 위기를 개념화하였는데, 각 단계의 갈등 해결 여부와 관계없이 개인의 생물학적 성숙과 사회적 요구에 따라 다음 단계로 이동한다. 이때 각 단계의 갈등이 성공적으로 해결되지 않으면 다음 단계에 부정적인 영향을 준다.

8단계 중 가장 첫 단계는 생후 1년 사이에 경험하는 '신뢰감 대 불신감' 시기이다. 이 시기에 아기가 원하는 것을 일관되게 얻고 기본적인 욕구가 충족되는 등 안정적인 환경에서 생활하면 아이는 세상이 안전한 곳이라고 생각하고 세상과 타인에 대한 신뢰감을 형성한다.

세 살이 넘어가면 아이는 세상을 적극적이고 능동적으로 탐색하기 시작한다. 이 시기 독립심에 대한 욕구가 커져 옷을 입거나 밥을 먹을 때 "나!", "내 거야!", "아니야!", "싫어!"와 같이 자기 의사를 적극적으로 표현한다. 이 시기 아이의 요구를 적절히 수용하고 격려한다면 자율성 형성에 도움이 된다. 아이가 고집을 피울 땐 단호하게 대처하되 무조건 거절당했다고 느끼지 않도록 안 되는 이유를 잘 설명해줘야 한다.

특히 영유아 때는 부모와의 건강한 애착관계 형성을 위한 아주 중요한 시기이므로 아이와 상호작용할 수 있는 다양한 활동을 적극적으로 실천하는 것이 좋다.

발달 단계에 맞는
책 보여주기

0~3세 아이에게 영상을 보여주는 것은 여러 부작용을 불러올 수 있으므로 될 수 있는 한 피하는 것이 좋다. 영상을 보여주는 대신에 아이와 눈을 맞추고 다양한 표정과 생동감 있는 목소리로 재미있게 책을 읽어주면 아이의 뇌 발달과 심리적 안정감을 높이는 데 도움을 준다.

갓난아이를 위한 초점책이 있다. 흑색 패턴부터 기본 도형, 쨍한 원색으로 구성된 책으로 아이의 시각 발달을 돕는다. 이왕이면 아이가 물고 빨아도 안전한 헝겊 형태의 책을 준비하자.

돌이 지난 아이는 간단한 사물의 명칭을 기억하고, '엄마', '아빠', '맘마' 같은 간단한 단어를 말할 수 있다. 주변 사물에 각각의 이름이 있다는 것을 알게 되어 익숙한 물건이나 동물, 식물이 나오는 그림책을 반복해서 보려 한다.

그래서 같은 책, 그것도 같은 페이지를 수십 번씩 읽어달라고 조를 때도 있다.

세 살이 되면 아주 짧은 이야기를 이해할 수 있다. 이 시기 배변하기, 세수하기, 양치하기, 인사하기 등 일상생활을 다룬 책을 보여주면 기본적인 생활 습관을 기르는 데 도움을 준다.

영유아기 독서의 핵심은 아이가 책을 놀잇감으로 책 읽기를 재미있고 즐거운 놀이로 받아들이는 데 있다. 따라서 이 시기 책 읽기의 목적을 글자를 익히고 어휘를 학습하는 데 두지 말고, 책에 대한 긍정적인 이미지를 심어주기 위해 노력해야 한다. 책과 관련해 긍정적인 경험이 쌓일수록 책을 좋아하는 아이로 성장한다.

아이들에게
인기 많은 책

이 시기 아이들에게 인기가 많은 책 가운데 하야시 아키코의 《달님 안녕》은 고전 중의 고전이다. 아이들이 보고 또 봐서 책이 닳도록 보는 책이다. 아이들은 지붕 위에 나타난 달님에게 인사하고 달님을 가린 구름 아저씨를 보며 울상을 짓는다. 혓바닥을 내민 달님을 흉내 내어 까꿍놀이를 하며 책을 읽어주면 더 좋아한다.

《손이 나왔네》는 혼자서 옷을 입으려 애쓰는 아이의 모습을 통해 자연스럽게 신체 부위를 가르쳐준다. 《눈·코·입》역시 신체와 관련한 단어들을 익힐 수 있는 책이다. 이 책에는 아기와 동물들이 등장해 "머리머리머리, 어깨어깨어깨, 코코코코"를 반복해서 말한다. 등장인물을 따라 신체놀이도 할 수 있다. 흥겨운 리듬에 맞춰 신체 부위를 가리키는 '코코코 눈' 찾기 놀이를 함께 해보자.

아이 혼자서 이유식을 먹으려고 하지만, 자꾸 흘리는 모습을 사랑스럽게 묘사한 책 《싹싹싹》은 아이의 자율성을 키우는 데 도움을 준다. 쓰다듬거나 어루만져 주는 애정 표현이 잔뜩 담긴 《안아 줘!》나 《엄마랑 뽀뽀》는 아이와 스킨십 놀이를 하며 읽어주면 엄마 아빠의 사랑을 전하는 데 더할 나위 없이 좋다. 《응가하자, 끙끙》은 배변 연습을 시작한 아이들에게 딱 맞는 책이다. 책에 반복되는 "응가하자, 끙끙" 소리와 함께 응가하려 힘을 주는 동물들의 우스꽝스러운 표정, 거기다 동물마다 다르게 생긴 똥의 모양은 읽는 재미를 더한다.

최숙희 작가의 《괜찮아》는 다양한 동물의 특징을 바탕

으로 누구나 저마다의 장점이 있다는 것을 보여주는 책이다. 아이를 쓰다듬으면서 '괜찮아'라고 얘기해주면 아이도 '괜찮아'라는 말의 마법을 알게 된다. 아이를 품에 안고 《사랑해 사랑해 사랑해》를 읽어주면 아이는 엄마 아빠의 충만한 사랑을 느낄 수 있다.

특히 이 시기에는 아이들의 오감 발달을 돕는 책이 많은데, 그중에서 《까맣고 하얀 게 무엇일까요》, 《알록달록 동물원》, 《빨간 풍선의 모험》은 시각 발달에 도움을 준다. 청각 발달에 도움이 되는 책은 《두드려 보아요》, 《우리 아기 오감발달 동물원 사운드북》 등이 있다. 《뽀글 목욕놀이》, 《목욕은 즐거워》 같은 책은 촉각 발달에 좋다. 미각 발달에 도움이 되는 책도 있는데 《냠냠냠 쪽쪽쪽》, 《모두 모여 냠냠》이 그것이다. 후각 발달에 도움이 되는 책으로는 《킁킁 나는 좋아》, 《킁킁 무슨 냄새일까?》, 《내가 찾는 냄새》 등이 있다.

이 밖에도 색깔 인지와 숫자 인지, 글자 인지, 신체 발달, 집중력 향상, 대인관계, 예절, 바른 습관, 감정표현, 자아존중감을 주제로 한 그림책들이 있다. 아이와 정서적 교감을 나눌 수 있는 책들을 골라 재미있게 읽어주자.

책 선택하기
다양한 놀이책

어감이 재미있는 단어, 의성어와 의태어가 담긴 말놀이 그림책은 아이의 관심을 끄는 데 효과적이다. 《사과가 쿵!》은 숲속에 떨어진 커다란 사과를 개미, 너구리, 사자 등 여러 동물 친구들이 나눠 먹는 내용의 그림책이다. 이 책을 읽어줄 때 사과가 '쿵!' 하고 떨어지듯이 책을 위에서 아래로 떨어트리거나 사각사각, 야금야금, 냠냠냠 같은 다양한 의성어를 실감 나게 읽어주면 아이는 신나게 웃으면서 또 읽어달라고 조를 것이다. 정호승 동시집 《참새》와 최승호 시인의 《말놀이 동시집》도 추천한다.

소꿉놀이, 병원놀이 등 아주 간단한 역할놀이가 가능한 시기라서 역할놀이책을 함께 보는 것도 좋다. 종이돈, 작은 장난감, 스티커 등을 제공하는 역할놀이책은 다양한 직업을 간접 체험해볼 수 있는 데다가 아이가 책 읽기 자체를 즐거운 놀이로 받아들이게 해준다.

순서대로 이야기가 흐르는 창작동화나 전래동화, 구체적인 사물이 등장하는 책도 좋다. 3세가 되면 선과 악에 관한 판단이 싹트기 시작하므로 단순한 줄거리의 전래동화나 인성동화를 읽어주면 올바른 가치관 형성에 도움을 준다.

특히 이 시기 아이들은 장난감이 살아 움직이는 이야기나 동물들이 사람처럼 말하고 행동하는 그림책에 큰 흥미를 보인다. 집, 유치원, 병원, 놀이터와 같이 아이에게 익숙한 곳을 배경으로 한 이야기에도 부쩍 친근감을 느끼고, 또래 아이가 등장하는 책을 읽어주면 마치 자기가 주인공인 것처럼 이야기에 몰입한다.

책을 처음 접하는 아이에게 읽어주면 좋은 책

책 제목	지은이	출판사
까맣고 하얀 게 무엇일까요?	베뜨르 호라체크	시공주니어
곰 사냥을 떠나자	마이클 로젠 글, 헬린 옥슨버리 그림	시공주니어
괜찮아	최숙희	웅진주니어
기차 ㄱㄴㄷ	박은영	비룡소
난 책이 좋아요	앤서니 브라운	웅진주니어
눈·코·입	백주희	보림
달님 안녕	하야시 아키코	한림
맛있는 그림책	주경호	보림
모두 모여 냠냠냠	이미애	보림
목욕은 즐거워	와나타베 아야	비룡소
킁킁 나는 좋아	임병국, 정지윤, 구이지현 그림	보리
뽀글 목욕놀이	기무라 유이치	웅진주니어

글자에 관심을 보이기
시작한 아이

3~4세 아이들은 각각의 글자를 인지하고 구별하기 시작한다. 단어 그림카드를 보여주면서 단어를 반복해서 알려주면 그림과 단어를 연결지어 말할 수 있다. 그래서 '혹시 우리 아이가 천재인가?' 하는 기분 좋은 착각에 빠지곤 한다.

3세까지 엄마 아빠와 눈을 마주치고 대화를 많이 하고 책을 많이 보고 다양한 놀이 활동을 경험한 아이들일수록 3~6세 때 언어가 폭발적으로 발달한다. 또한 주변 사물과 일상에서 벌어지는 현상에 호기심을 보이고 "이게 뭐야?", "왜?" 같은 질문을 시도 때도 없이 던진다.

좋아하고 싫어하는 것이 분명해지기 시작해 좋아하는 책을 들고 와 계속 읽어 달라고 조르는 것도 이 시기의 특징이다. 그럴 땐 아이가 질릴 때까지 그 책을 읽어주자. 아이가 원하지 않은 책을 읽어주면 책에 대한 흥미를 잃을 수도 있다.

인지 발달

3~6세는 전조작기에 해당하는 시기로 상징적 사고가 가능해져서 '개'라는 단어를 듣고, 털이 있고 4개의 다리와 꼬리를 가진 동물을 머릿속에 떠올린다. 또 말과 글에 담긴 메시지를 이해하고, 자기 생각을 표현할 수 있는 언어 능력이 급격하게 발달하는 시기라서 새로 알게 된 단어와 문장을 질릴 때까지 반복해서 말한다. 상징적 사고와 언어 능력이 발달하면서 상상력도 풍부해진다. 이 시기에 엄마 아빠가 책을 읽어주면 아이는 글자와 소리를 연결하고, 문장을 어떻게 띄어 읽는지 본능적으로 습득하고, 책을 보며 글자의 형태를 익힌다.

4세 아이들은 모든 현상을 자기중심적으로 생각하므로 자기가 좋아하는 것을 다른 사람도 당연히 좋아한다고 생각한다. 그래서 엄마 생일에 동물 인형을 선물로 고르거나 자기가 좋아하는 과자를 선물하곤 한다. 생명이 없는 대상에게 생명과 감정을 부여해 장난감이나 인형에게 말을 걸고 밥을 주는 행동을 보인다. 그래서 로봇이 부서지면 아프니까 빨리 병원에 데려가야 한다고 떼를 쓰기도 한다.

책 속 등장인물의 감정을 느끼며 자기 감정을 표현하는

법을 배우고, 감정을 조절하는 능력이 생기는 시기이기 때문에 책을 읽어줄 때 "토끼가 왜 슬퍼할까?", "너라면 어떤 기분일 것 같아?"와 같은 질문을 던지면 아이의 언어능력뿐만 아니라 사회성 발달에도 도움이 된다.

3~6세
심리사회 발달

3~6세는 자아 개념이 형성되고, 모든 영역에서 능력이 있는 것으로 평가하는 경향인 자아존중감이 발달하는 시기다. 따라서 뭐든지 스스로 하고 싶어 하는 아이를 존중하고 격려하여 성취 경험을 늘려주면 자신감과 자존감이 높아진다. 반대로 어떤 일에 실패했을 때 죄책감을 느끼고 자신을 탓할 수도 있으니 원래 목표보다 훨씬 작은 것을 성취했더라도 잘했다고 칭찬해주고, 실패한 경우라도 충분한 격려와 응원을 해줘야 한다.

아이의 노력을 칭찬할 때는 결과보다는 과정을 칭찬하자. 또 "손도 혼자 씻고, 밥도 꼭꼭 씹어서 맛있게 먹는구나! 참 잘했어요!", "장난감을 제자리에 갖다둬서 깜짝 놀랐어!"처럼 아이의 행동을 구체적으로 칭찬하는 것이 좋다.

이 시기 아이들은 호기심이 많고 새로운 것에 도전하기를 즐긴다. 모험적이고 탐색적인 활동은 세상을 배워가는 데 도움을 준다. 따라서 아이와 함께 야외활동을 많이 하고 다양한 책들을 보면서 새로운 것을 탐색하려는 아이의 욕구를 채워주는 것이 좋다.

아이가 위험하거나 사회적으로 부적절한 행동을 했을 때는 왜 그런 행동을 하면 안 되는지 그 이유를 자세히 설명하고, 같은 잘못을 반복하지 않도록 지도해야 한다. 그러나 지나친 처벌은 아이에게 심한 죄책감을 들게 해 주도성 발달에 장애가 될 수 있으므로 아이가 비난받고 있다고 느끼거나 모든 잘못이 자기 탓이라고 생각하지 않게 주의해야 한다. 아이에게 그 행동이 왜 잘못된 것인지, 바른 행동은 무엇인지 확실히 알려주는 것이 중요하다. 부적절한 행동에 대한 적절한 훈계는 아이가 세상을 주도적으로 배워 나가고 사회 규범을 지키며 바르게 성장하도록 돕는다.

책 읽어주기의 놀라운 효과

아이가 세상은 살 만한 곳이라고 느끼고, 부모와 긍정적

애착관계를 형성하기 위해선 아이가 도움과 관심이 필요하다고 느낄 때 아이의 필요를 즉각적으로 채워줘야 한다.

안정적인 애착관계는 아이와 많은 시간을 함께 보내야지만 형성되는 것이 아니다. 온종일 아이 옆에 붙어 있어도 아이에게 집중하지 않고 자기 볼일만 보면 아무 소용이 없다. 짧은 시간이라도 아이와 함께 있는 동안은 온전히 아이에게 집중하는 것이 중요하다. 부모가 일관성 있게 아이를 대하고 아이에게 사랑을 충분히 표현할 때, 아이는 자기 자신과 타인을 긍정하는 애착관계를 형성할 수 있다.

어린 시절에 형성된 안정적인 애착관계는 이후에 선생님과의 관계, 또래와의 관계에도 전이되기 때문에 영유아기 때 안정적인 애착관계를 형성하는 것은 아이의 사회성 발달에 있어 아주 중요하다. 아무리 바쁘고 시간이 없어도 아이를 안아주고 아이에게 집중하는 시간을 하루 10분 이상 꼭 가져야 하는 이유다.

아이와 어떻게 놀아줘야 할지 잘 모르겠다면 아이를 품에 안고 매일매일 책을 읽어주자. 침대 머리맡에서 책을 읽어주는 것보다 더 좋은 자녀교육법은 없다. 독서 육아의 중요성에 대해 말하는 책《하루 15분 책 읽어주기의 힘》에서는 아이에게 매일 책을 읽어줬을 때 나타나는 놀라운 효과에 대해 자세히 설명한다. 책 읽어주기는 어휘력을 기르는 데 있어 대화보다 효과적이며, 아이의 집중력을 높여주고 긍정적인 자존감을 형성하는 데도 도움을 준다. 궁극적으로 책을 사랑하는 아이로 자라게 해주는 놀라운 효과가 있다. 그러므로 아이가 열네 살이 될 때까지 매일 책을 읽어주라고 강력하게 말한다.

책 읽기는 놀이처럼

장난감을 가지고 신나게 놀고 있는 아이에게 "이제 많이 놀았으니까 책 읽자!"라고 말하지 않도록 조심해야 한다. 한창 재미있게 놀고 있는데 책 때문에 놀이의 흐름이 끊기면 아이는 책 읽기를 '놀이의 적'으로 생각한다. 신나게 노는 것을 방해하는 나쁜 대상이라고 여기는 것이다.

아이에게 책을 읽어줄 때는 아이가 좋아하는 책으로 시작하는 것이 좋다. 그래도 "지금은 책 안 보고 장난감 가지고 놀래요." 한다면 "그래, 그럼 10분만 더 장난감 가지고 놀자. 시계 보이지? 지금 6에 있는 큰 바늘이 8에 오면 엄마랑 재미있는 책 읽자."처럼 아이의 마음에 공감해주고 차분히 설득해보자. 책을 읽으라고 아이를 다그치지 않아도 무엇을 할 시간이라고 구체적으로 알려주면 아이도 엄마 아빠의 말에 순응한다.

놀이를 갑자기 중단하고 책을 읽자고 할 것이 아니라, 놀이와의 연장선에서 책을 읽어줘야 한다. 아이가 책 읽기를 놀이처럼 생각하는 것은 평소 엄마 아빠가 어떻게 책을 읽어주느냐에 달려있다. 다양한 방법을 동원하여 신나고 재미있게 책을 읽어주면 아이는 책 읽기를 엄마 아빠와 함께 하는 또 하나의 놀이로 받아들인다.

주인공에 어울리는 목소리로 실감 나게 읽어주면 아이는 눈을 반짝반짝 빛내며 책에 푹 빠져든다. 책에 나온 동물을 따라 그리고, 그 동물이 나오는 다른 책을 찾아 읽으면서 책에 관한 관심이 이어지고, 다음엔 엄마 아빠가 어떤 책을 읽어줄지 궁금해할 것이다. 아이가 책을 좋아하게 하려면 부모의 이런 노력과 아이가 어떻게 반응하는지 살피는 세심한 관찰이 필요하다. "너를 위해서 엄마가 이렇게 노력하는데, 왜 말을 안 들어?" 같은 말은 아이의 반감만 살 뿐이다.

아이가 글자에 관심을 보이기 시작하는 4세 이후로 책에서 가장 많이 보이는 단어를 찾아보는 것도 즐거운 놀이가 된다. 아이가 단어를 찾을 때까지 기다려주고, 단어를 찾으면 활짝 웃으면서 칭찬해주자. 단어의 형태와 조합을 알려주려 애쓸 필요가 없다. 아이들은 엄마 아빠가 읽어주는 소리를 듣고, 그 소리에 대응하는 글자를 찾아낸다.

《응가공주》를 읽어주며, '끙끙'과 '응가'를 짚어보라고 하면 아이는 신이 나서 그 단어들을 찾아낸다. 《숲 속 재봉사의 꽃잎 드레스》에서는 색깔을 표현하는 다양한 말, 여러 가지 도형과 동물의 이름을 찾아보며 책을 읽으면 한층 재미있게 읽을 수 있다. 다 읽은 후에는 아이와 함께 알록달록 무지개를 그리거나 색종이로 동물을 접어보는 등 이야기와 관련된 재미있는 놀이를 하면 책 내용을 오래 기억할 수 있고 창의력이 길러진다.

아이들은 놀면서 배우는 존재다. 단어를 반복해서 읽고 쓰게 하는 것보다는 책을 가지고 이리저리 놀 때 더 빠르고 쉽게 글자를 익힌다. 엄마 아빠가 책을 읽어주는 소리를 들으며 글자의 소리를 알게 되고, 소리와 글자의 형태를 연결하는 능력이 생기기 때문이다.

무리한 조기교육은 부모의 기대와 욕심에서 시작한다. 그 방법이 아이에게 맞지 않으면 아이는 정신적인 부담감, 실패로 인한 좌절감, 정서 발달의 저해로 학습 동기까지 잃어버리게 된다. 부모의 욕심으로 아이까지 불안하게 만들지 말자. 아이가 따라가기 벅찬 선행학습보다 아이의 발달 단계에 맞는 책을 재미있게 읽어주고 이야기를 나눌 때 아이의 언어능력과 사고력은 깜짝 놀랄 만큼 발달한다.

재미있게
책 읽어주기

아이에게 책을 읽어줄 때는 얼굴과 목소리에 감정을 담아 생동감 넘치는 목소리로 읽어주는 것이 좋다. 엄마 아빠가 신나게 책을 읽어주면 아이도 덩달아 신이 나서 책을 읽는다. 엄마 아빠가 등장인물을 흉내 내며 실감 나게 읽어주면 아이는 즐거워하며 이야기에 집중한다. '재미있게 읽어줄 자신이 없는데 어쩌지? 아이가 책을 안 좋아하게 되면 어떡하지?'라는 걱정은 접어두자. 아이도 엄마 아빠의 노력을 안다. 나를 위해 노력하는 부모를 보며 감동을 받고 엄마 아빠와 함께 하는 시간만으로도 충분히 사랑받고 있음을 느끼고 행복해한다.

반면에 딱딱한 목소리로 감정 없이 책을 읽어주면 아이는 엄마 아빠가 의무감에서 책을 읽어준다고 느끼게 되어 책 읽는 시간이 주는 행복감을 경험하지 못한다. 책을 읽어줄 때의 말투와 높낮이, 세기 등을 통해 엄마 아빠가 어떤 마음으로 책을 읽어주는지 아이는 본능적으로 알아차린다.

아이에게 매일 책을 읽어줄 형편이 안 되는데 무리해서 읽어줄 필요는 없다. 건성건성 읽어주는 것은 안 읽어주니만 못하다. 피곤한 목소리로 재미없이 책을 읽어주는 자신의 모습을 발견했다면 주 3회나 주말에만 책을 읽어주는 식으로 횟수를 조절하는 편이 좋다. 횟수나 시간에 얽매일 필요는 없다. 그보다는 아이에게 집중해서 책을 읽어주는 것이 더 효과적이다.

아이에게 책을 읽어주기 전에 미리 책 내용을 숙지하고 어떤 장면에서 아이와 어떤 이야기를 나눌 것인지 생각해보고 책과 관련한 독후 활동을 준비하는 것도 아이와 함께 재미있게 책을 읽기에 좋은 방법이다.

책 표지 하나만 가지고도 아이와 무수히 많은 이야기를 주고받을 수 있다. 아이에게 표지를 탐색할 시간을 충분히 준 다음 표지 그림에서 일부를 가리고 무엇이 있는지 상상해보는 활동은 아이의 호기심을 자극한다. 또 표지만 보고 앞으로 벌어질 이야기를 유추해보는 활동은 아이의 상상력과 창의력을 키워준다.

《간장 공장 공장장》의 표지에서 고추를 가리고 "여기에 뭐가 그려져 있을까?"라고 물어보거나 "고추, 간장, 된장 그리고 쌈장이 무엇을 할까?"라고 물어볼 수 있다. 부엌에 있는 고추와 간장을 꺼내 보여주며 "우리 집에도 고추와 간장이 있어. 직접 보니까 어때?"라고 질문을 해보자. 책 읽기를 별로 좋아하지 않는 아이라도 무슨 내용인지 궁금해서 책에 관심을 보일 것이다.

책 내용과 관련한 경험이 있다면 아이의 기억을 상기시키고, 그때 어떤 기분이었는지 이야기를 나눠보는 것도 좋다. 또 "주인공이 왜 그런 행동을 했을까?", "너라면 어떨 것 같아?"와 같이 등장인물의 처지에서 생각하고 공감할 수 있는 질문을 던지면 아이는 말이 되든 안 되든 머릿속에 떠오른 자신만의 생각을 자유롭게 말할 것이다. 마찬가지로 《앤서니 브라운의 마술 연필》을 보며 "네가 꼬마 곰이면 뱀을 만났을 때 무얼 그릴 것 같아?"라고 물어보면 아이는 자기 생각을 이야기하며 상상의 폭을 넓혀 간다.

《달님은 밤에 무얼 할까요?》를 보면서 달님에게 궁금한 점이 있냐고 물어보면 아이는 상상력을 총동원하여 달님에게 묻고 싶은 것을 쉬지 않고 말할 것이다. 만약에 아이가 뭘 물어봐야 할지 모르겠다고 한다면 "달님아, 오늘 밤엔 무얼 할 거야? 해님이랑 만나본 적은 있어?"처럼 엄마 아빠가 달님에게 궁금한 점을 먼저 물어보면 된다. 그러면 아이는 엄마 아빠의 질문에 힌트를 얻어서 "나도 궁금한 거 있어. 달님아, 너는 뭘 먹고 살아?"와 같이 스스로 질문을 만들어낼 수 있다. 또 한 달 동안 달 모양이 어떻게 달라지는지 찾아보고, 다양한 달의 모습을 그려보는 활동은 밤에 달이 무슨 일을 하는지 상상력을 발휘하게 할 뿐만 아니라 동시에 과학 지식까지 배울 수 있는 기회를 제공한다.

아이는 자기 생각을 이야기하는 것을 좋아하기 때문에 귀 기울여서 들어주면 신이 나서 이야기를 쏟아낸다. 아이의 말에 "진짜 멋진 생각을 했구나!", "어떻게 그런 생각을 했어! 정말 대단하다!"와 같이 감탄과 칭찬의 말을 아끼지 않을 때 아이는 무한한 상상력을 발휘한다.

아이와 함께 책을 읽고 대화를 나누는 것은 서로의 생각과 감정을 나누고, 소통하는 가장 좋은 방법이다. 《숲 속 재봉사의 꽃잎 드레스》를 보면서 "어떤 색이 가장 좋아? 왜 그 색이 좋은데?"라고 물어보면 아이는 자기가 좋아하는 색을 고르고, 왜 그 색을 좋아하는지도 조잘조잘 이야기할 것이다. 아이의 이야기를 듣고 "엄마는 노란색이 좋

아. 노란색을 보면 기분이 좋아져."라고 말하며 이야기를 이어가면 서로를 더 잘 이해하게 된다. 서로를 이해한다는 것은 친밀감이 더해진다는 것을 의미한다. 부모와 아이 사이가 친밀할수록 정서적으로 안정감이 생긴다. 어릴 때부터 부모와 친밀한 유대감이 형성된 아이는 사춘기가 돼서도 소통에 문제가 없다.

책을 읽고 난 후 책과 관련한 다양한 활동이 동반될 때 아이는 책을 더 좋아하게 된다. 《강아지똥》을 읽고 다양한 모양의 똥을 그려보라고 하면 아이는 깔깔대며 좋아한다. 《갯벌이 좋아요》를 읽고 주말이나 쉬는 날에 갯벌에 놀러 가 보자. 책에서 본 생물들을 실제로 발견한 순간 아이에게 책은 보물지도가 된다. 《큰일 났다》를 읽고 동물원에 방문하면 책에 등장한 동물들이 무얼 먹고 어떤 환경에서 사는지 동물 생태에 관해 깊은 관심을 보일 것이다.

책 읽기는 아이와 부모에게 이야깃거리를 제공하고 아이의 생각 주머니를 키워준다. 문해력도 책 내용을 이해하고 자기 생각을 표현하는 과정에서 발달한다. 엄마 아빠가 할 일은 아이와 함께 책을 읽고, 아이에게 생각할 거리를 주고, 아이의 대답을 기다려주는 것이다.

책 선택하기
전집과 단행본

아이 책을 살 때 전집과 단행본 중에서 어떤 책을 사는 게 좋을지 고민해본 경험이 다들 한 번쯤은 있을 것이다. 어린 자녀를 둔 부모로서 '아이의 발달을 위하여 다중지능과 누리과정을 기반으로 체계적으로 구성된 전집'이라는 유아교육업체의 광고 글을 그냥 지나치긴 어려운 일이다. 아이의 발달 단계를 고려하여 언어, 사회, 과학, 수학, 창작, 전래동화를 묶어서 판매하는 전집은 부모에게 상당히 매력적인 상품이기 때문이다.

아이의 연령과 발달 단계를 고려한 전집은 아이를 위한 책을 고르기 어려워하는 부모들에게 좋은 대안이 될 수 있다. 그런데 전집을 집에 들여놓은 뒤가 문제다. 아이가 40권짜리 전집 중에서 몇 권의 책만 반복해서 보려고 할 때 부모들의 진짜 고민이 시작된다. '나머지 책들은 언제 읽지? 계속 읽지 않으면 돈이 아까운데. 싫다는 애한테 어떻게 읽히지?' 큰돈 들여서 산 책을 아이가 읽지 않으니 애가 탄다. 조급한 마음에 아이에게 독서를 강요하는 실수를 저지르기도 한다.

그러면 전집보다 단행본이 좋으냐고 묻는다면 '둘 다 좋을 수도 있고, 둘 다 좋지 않을 수도 있다'고 대답하겠다. 무슨 궤변인가 싶겠지만, 사실 전집이 좋으냐 단행본이 좋으냐 비교하는 것은 중요하지 않다. 전집과 단행본 중 어떤 책을 고르냐보다는 책을 대하는 부모의 태도와 이떻게 활용하는지가 더 중요하기 때문이다.

아이가 원할 때 읽으면 된다는 마음으로 아이를 기다려 줄 수 있다면 전집을 구매해서 다양한 영역의 책을 골고루 읽게 해주면 좋다. 그러나 마음의 여유가 없는 부모라면 아이 나이와 발달 단계에 맞는 단행본을 선택하는 것이 좋다. 엄마 아빠가 손품과 발품을 팔아야 하는 수고로움은 있지만, 그때그때 아이가 좋아하는 책을 선택할 수 있다는 장점이 있다. 많은 책을 한꺼번에 읽히려고 하기보다 아이가 읽고 싶어 하는 책을 한 권씩 읽게 하면 아이가 어떤 책을 좋아하는지 알 수 있고, 시간이 지날수록 좋은 책을 고르는 안목도 길러진다.

온라인이나 오프라인 서점에 가면 어린이 도서들이 연령별로 잘 정리되어 있다. 유아 쪽에서는 0~3세 아이를 대상으로 한 그림책, 워크북, 입체책, 초점책, 헝겊책 등을 만나볼 수 있다. 4~6세로 넘어가면 좀 더 다양한 주제의 그림책과 이야기책뿐만 아니라 스티커북, 퍼즐북, 미술 워크북 등 학습용 도서도 구경할 수 있다. 7세 이후로는 예비초등, 초등 1~2학년, 3~4학년, 5~6학년으로 나누어져 학습만화, 어린이 교양, 어린이 문학, 교과서 수록 도서 등이 찾기 쉽게 항목화되어 있다.

서점에 직접 방문할 경우 글밥양, 책 두께, 종이 질 등 실제로 보지 않으면 알 수 없는 것들을 확인할 수 있어 책을 고를 때 도움이 된다.

글자에 관심을 보이기 시작한 아이와 함께 읽으면 좋은 책

책 제목	지은이	출판사
간다아아!	코리 R 테이버	오늘책
간장 공장 공장장	한세미	꿈터
강아지똥	권정생	길벗어린이
꼬마 거미 당당이	유명금	봄봄
갯벌이 좋아요	유애로	보림
기분을 말해 봐!	앤서니 브라운	웅진주니어
단어 수집가	피터 H. 레이놀즈	문학동네
달님은 밤에 무얼 할까요?	안 에르보	베틀북
도서관 고양이	최지혜 글, 김고둥 그림	한울림어린이
앤서니 브라운의 마술 연필	앤서니 브라운	웅진주니어
말놀이 동시집	최승호 , 윤정주 그림	비룡소

7~10세 독서코칭

글자를 읽을 수 있는 아이

아이에게 처음 책을 읽어줄 때부터 모든 부모는 아이 혼자서 책을 읽을 날을 꿈꾼다. 7세가 되면 책에 나온 단어를 거의 알고 글도 제법 읽을 수 있게 되는데, 이때부터 아이의 확실한 읽기 독립을 위한 부모의 노력이 시작된다.

아이가 혼자 책 읽기를 바라는 부모와 책을 읽어달라고 조르는 아이와의 실랑이가 벌어지는 것도 이 시기다. 아이의 읽기 능력을 키우기 위해서는 될 수 있는 한 혼자 읽는 연습을 많이 해야 할 것 같아 아이의 요구를 거절하지만, 사실은 그렇지 않다. 아이가 글자를 읽는다고 해서 책 내용을 모두 이해할 수 있는 것은 아니기 때문이다. 오히려 책을 대충 읽는 잘못된 독서 습관이 생길 수 있다.

교육 전문가들 역시 아이가 혼자 읽겠다고 할 때까지 엄마 아빠가 책을 읽어주라고 말한다. 책을 읽어주면 아이가 책 내용을 제대로 이해하고 있는지 확인할 수 있을 뿐만 아니라, 부모와의 친밀한 유대감을 형성하고 책을 좋아하는 사람으로 성장할 수 있도록 돕는다.

어휘력과 이해력이 급성장하는 시기이기 때문에 책을 읽고 서로의 생각을 주고받는 책대화를 나누면 아이의 사고력과 문해력이 자라는 데 도움을 준다.

인지 발달

전조작기에서 구체적 조작기가 되는 7~10세 아이들은 주의집중력이 발달하고 기억 용량이 늘어난다. 기억 전략, 상위 기억과 함께 의사소통 기술도 폭발적으로 증가한다. 문제 상황에서 해결책을 모색하는 확산적 사고가 가능해 져 다양한 배경지식과 결합해 창의적 사고가 발달한다.

이 시기에 아이들은 자기중심적 사고에서 벗어나 타인의 감정을 추론하고 줄거리를 이해할 수 있게 되어 생활 동화나 신화, 전설 같은 이야기를 흥미로워한다. 사물을 영역별로 배열하고 시열화하는 능력도 생겨 역사, 사회, 과학 분야의 인문서나 동식물이 주제별로 분류된 도감류 책도 읽을 수 있다. 장소감이나 공간능력이 발달하기 시작해 지도나 지리책도 볼 수 있다.

이 시기 아이들은 좋고 싫은 것에 대한 선호가 분명해져서 학습만화나 판타지 동화, 추리소설처럼 자기가 좋아하는 책만 읽으려고 한다. 특정 분야의 책만 읽는 편향된 독서 습관은 지식의 한계를 가져오고 생각의 폭을 좁히는 단점이 있으니 아이가 다양한 분야의 책을 골고루 접할 수 있게 도와줘야 한다.

그렇다고 관심이 전혀 없는 책을 읽으라고 강요하면 좋아하는 분야 외의 모든 책에 거부감이 생길 수 있다. 다양한 분야의 책을 두루두루 읽히기 위해선 엄마 아빠가 먼저 읽어 보고 아이가 재미있게 볼만한 책을 자연스럽게 소개해주는 것이 좋다. 현재 아이가 관심을 보이는 분야와 관련된 책도 좋다. 혼자서 책을 읽기 시작하는 이 시기에 무엇보다 중요한 것은 책 읽기의 즐거움이 사라지지 않게 해주는 것이다.

7~10세
심리사회 발달

에릭슨은 아이 생활의 중심이 학교가 되는 이 시기를 자아 성장의 결정적인 단계로 보았다. 첫 사회 경험을 하는 이 시기에 아이가 열심히 하고자 하는 일을 격려하고 칭찬하면 근면성과 유능감이 형성된다. 반대로 다른 아이와 비교하고 아이의 행동을 비난하는 태도를 보이면 아이는 열등감을 느낀다.

이 시기 아이들은 학교에 다니고 또래와 어울리며 사회에 적응하는 훈련을 한다. 특히 초등학교에 입학하면서 새로운 친구를 사귀는 것에 어려움을 겪는 아이가 많다. 이럴 때 나와 다른 친구의 마음을 헤아리고 먼저 다가가도록 용기를 주는 책이나 친구와 다투고 갈등을 해결하는 과정을 담은 책을 아이와 함께 읽으면 좋다. 또 인생의 롤모델을 형성해가는 시기여서 영감을 줄 수 있는 인물의 전기물을 찾아 읽으면 아이의 꿈을 키워나가는 데 도움을 준다.

가정을 벗어나 더 넓은 지식과 기술을 배우게 되는데 이 시기의 성공적인 경험은 아이에게 성취감과 근면감을 가져다준다. 반면에 실패를 반복 경험하면 열등감과 죄의식에 빠져 자신이 쓸모없다고 느낄 수 있다. 따라서 아이가 주도적으로 뭔가를 시도하려 할 때 이를 격려하고 적절한 칭찬을 해주는 것이 중요하다.

적기에 읽기 독립하기

엄마 아빠가 책을 읽어주는 시간은 아이의 독서 습관을 길러주는 데 도움을 줄 뿐만 아니라, 부모의 사랑을 느낄 수 있는 시간으로 아이에게 행복한 기억으로 남는다. 그러니 아이가 혼자 읽겠다고 할 때까지 부모가 책을 읽어주는 것이 좋다. 너무 이른 읽기 독립은 아이에게 부담을 주고 오히려 문해력 발달을 더디게 할 수 있다. 아이 스스로 책 읽는 습관이 확실히 자리 잡을 때까지는 매일 자기 전에 책을 읽어주자. 특히 잠자리 독서는 아이가 매일 책을 접하는 가장 좋은 방법이다.

OECD 교육 연구 자료에 따르면, 부모가 날마다 책을 읽어준 아이들의 독해능력이 그렇지 않은 아이들보다 훨씬 앞서는 것으로 나타났다. 《책 읽는 뇌》에서도 부모가 책을 읽어주는 기간이 길수록 아이가 자랐을 때 높은 독서 수준을 보인다는 연구 결과를 소개하면서 어른들이 책을 많이 읽어준 아이는 언어에 대한 이해력이 높아지고, 어휘력 또한 늘어난다고 말한다. 캐나다의 심리학자 앤드류 바이밀러Andrew Biemiller는 어휘력이 유치원 때 하위 25퍼센트에 속한 아이들이 6학년이 되어서는 또래 평균보다 3년이나 뒤처지는 것으로 나타났다는 연구 결과를 발표했다. 아이가 어릴 때부터 책을 꾸준히 읽어야 하는 이유다.

아이 스스로 책을 읽겠다고 할 때도 혼자 내버려 두지 말고, 엄마 아빠가 옆에서 함께 책을 읽는 것이 좋다. 각자 읽고 싶은 책을 골라와 한 공간에 모여 책을 읽으면 자연스럽게 가정에 책 읽는 문화가 자리 잡는다.

거꾸로 아이에게 책을 읽어달라고 하는 것도 좋다. "엄마 아빠가 많이 피곤하네. 오늘은 네가 읽어줄래?"라고 말하면 아이는 기쁜 마음으로 책을 읽어줄 것이다. 책을 소리 내어 읽으면 내용이 기억에 더 오래 남고, 자신의 목소리를 귀로 들으면서 뇌가 활성화되어 기억력과 독해력, 집중력이 향상된다. 또 아이가 글자만 읽고 있는지, 책 내용을 제대로 이해하면서 읽고 있는지 아이의 독해 수준까지 확인할 수 있다.

아이가 책을 읽어줄 때는 "와! ○○가 책을 읽어주니까 진짜 재미있다. 정말 잘 읽는걸!" 같은 칭찬의 말을 아끼지 말자. 이러한 경험이 쌓일수록 아이는 혼자서 책을 읽는 것에 자신감이 붙는다.

아이와
책대화 나누기

많은 책을 읽는 것보다 더 중요한 것은 한 권이라도 꼭꼭 씹어먹고 자신의 것으로 소화하는 것이다. 아이와 함께 책을 읽고 대화를 나누면 내용을 깊이 생각하고 분석하는 힘을 길러준다. 또 아이가 책 내용을 얼마나 이해하고 있는지 점검하는 기회가 되기도 한다. 일상에서 아이와 자연스럽게 대화를 하듯이 서로의 생각을 주고받는 시간을 가져보자. 책대화를 처음 시작할 때는 아이의 이해 수준에 맞는 단순한 질문을 던지거나 엄마 아빠의 감상을 먼저 이야기하는 편이 좋다. 구체적인 줄거리를 묻거나 이야기의 진위를 판단하는 테스트 같은 질문은 책대화 시간을 괴롭게 할 뿐이다.

먼저 간단한 질문으로 책대화의 물꼬를 터보자. 《화요일의 두꺼비》의 표지를 보여주고 "왜 제목이 화요일의 두꺼비일까?", "주인공은 누구일까?", "표지에 그려진 두꺼비와 새는 어떤 관계일까?", "지난주 화요일에 무슨 일이 있었어?" 등 아이의 호기심을 자극하는 질문을 던져보자. 표지를 보고 앞으로 펼쳐질 이야기를 유추해보는 활동은 책에 흥미를 갖게 하고, 아이의 상상력을 키우는 데 도움을 준다.

책을 읽고 난 뒤엔 아이가 느낀 점이나 새로 알게 된 사실을 말해보는 시간을 갖는 것으로 책대화를 마무리하면 좋다. 등장인물에 관해 더 많은 이야기를 나누는 것도 좋다. 책대화의 가장 큰 목적은 아이가 자기 생각을 정리하고 표현하는 데 있다. 《화요일의 두꺼비》를 읽고, "책을 읽고 난 뒤 어떤 느낌이 들었어?", "두꺼비/여우에게 어떤 말을 해주고 싶어?" 등 아이가 자기 생각과 느낌을 말할 수 있도록 열린 질문을 던져보자.

이때 위험한 생각만 아니면 아이가 다소 엉뚱하고 이상한 대답을 해도 아이의 말에 귀 기울여주고 수용하는 태도를 보이는 것이 중요하다.

TIP 책대화할 때 주의할 점

- 아이의 말을 끊지 않고 끝까지 경청하기
- 아이가 책을 읽다가 질문하면 책 읽기를 멈추고 대화하기
- 원하는 답을 듣기 위해 유도 질문하지 않기
- 아이가 하고 싶은 말을 마음껏 하도록 하기
- 위험한 생각만 빼고 아이의 의견을 수용하기

책 선택하기
이야기책과 지식책

책을 혼자 읽기 시작하면서 음식을 편식하듯이 좋아하는 책만 읽으려는 독서 편식 현상이 나타나기 쉽다. 만화책만 읽으려는 아이를 보며 '스마트폰을 하는 것보다야 만

화책이라도 읽는 게 낫지.'라는 생각에 만화책을 허락하는 경우가 많다.

더구나 요즘 유행하는 학습만화 앞에는 '학습'이라는 단어가 붙어 있어 만화책에 대한 부정적 인식을 많이 희석시킨다. 물론 만화책이 가진 장점은 분명 존재한다. 일차적으로 아이에게 책 읽는 즐거움을 주고 영상 매체가 아닌 종이책을 읽게 하는 긍정적인 효과가 있기 때문이다. 하지만 단점도 가지고 있다.

이야기책은 멀리하고 만화책만 보면 긴 글을 읽는 능력이 자라지 않아 문해력 발달에 도움이 되지 않는다. 앞뒤 문맥을 살펴보며 내용을 이해해야 하는 이야기책과 달리, 그림에 단어나 짧은 문장이 달린 만화는 사고를 담당하는 전두엽을 거의 사용하지 않고도 책을 읽을 수 있기 때문이다. 게다가 학습만화는 쉬운 단어들로 구성되어 있어 어휘력 신장에도 큰 도움이 되지 않는다. 역사나 과학 이야기를 다루는 학습만화책을 보면 새로운 어휘와 지식이 종종 나오지만, 깊이 있는 지식은 주로 이야기 밖 지면을 할애해서 제공한다. 따라서 아이가 그 페이지를 읽지 않으면 해당 지식을 습득하기 어렵다.

7~10세는 어휘력과 이해력이 폭발적으로 증가하는 시기

다. 이 시기에 특정 분야의 책만 골라 읽으면 다양한 형식의 이야기를 이해하는 능력을 기르기 어렵고, 다방면으로 지식을 넓히기도 어렵다. 아이가 다양한 분야의 책을 접할 수 있도록 만화책에서 이야기책으로 넘어오는 징검다리 역할을 해줄 재미있는 책을 아이에게 소개해주자.

도서관이나 서점에 가면 나이별로 추천하는 스테디셀러 도서들이 있다. 꾸준하게 아이들의 사랑을 받는 책들은 다 이유가 있는 법! 어떤 책을 골라야 할지 잘 모르겠다면 아이와 함께 도서관이나 서점을 방문해서 스테디셀러 도서 중에 마음에 드는 것을 고르게 하자.

엄마 아빠가 먼저 읽어 보고 아이가 좋아할 만한 책을 대화 중에 자연스럽게 소개하는 것도 좋은 방법이다. 아이가 접하지 않은 분야의 책을 소개할 때는 평소 아이가 읽던 책보다 쉬운 책을 선택하는 것이 좋다. 이야기책을 완독한 경험은 책 읽기에 자신감을 갖게 해준다. 또 아이에게 책을 추천하면서 끝까지 책을 읽지 않아도 되고 읽고 싶은 부분만 골라 읽어도 된다고 하면 아이는 부담감 없이 편하게 책을 읽을 수 있다.

재미있는 이야기책은 아이들의 호기심을 자극하고 다음 이야기를 궁금하게 만든다. 이어질 이야기가 궁금해 책을 찾아 읽도록 재미있는 책을 꾸준히 아이에게 소개해보자.

많은 아이들이 재미있어하는 책으로는 《베서니와 괴물》 시리즈, 《고양이 해결사 깜냥》 시리즈 등이 있다. 《추리 천재 엉덩이 탐정》 같은 소설은 누가 사건의 범인인지 찾기 위하여 꼼꼼하게 읽게 되기 때문에 책장을 빨리 넘겨보는 아이가 책을 천천히 읽을 수 있게 도와준다. 《만복이네 떡집》 시리즈, 《윔피 키드》 시리즈와 로얄드 달의 《찰리와 초콜릿 공장》, 《마틸다》, 《멋진 여우 씨》도 다음 내용이 궁금해지는 흥미진진한 이야기책들이다.

만화와 줄글책을 섞어 놓은 《인간탐구 보고서》 시리즈나 흥미진진한 암호를 직접 풀면서 여러 교과 내용을 익힐 수 있는 《암호 클럽》 시리즈, 엽기 발명품과 과학 유머를 담고 있는 《엽기 과학자 프레니》 시리즈도 이야기책에 흥미를 붙이기 좋다.

《소원떡집》은 아이의 상상력과 창의력을 자극할 수 있는 재미있는 이야기책이다. 평소 판타지 동화를 좋아하는 아이라면 《소원떡집》을 읽으면서 이야기책을 읽는 재미를 느끼게 될 것이다. 《나쁜 어린이표》는 아이들의 심리를 세밀하게 묘사한 작품으로 학교에서 흔히 경험할 수 있는 내용이라서 아이들의 몰입감을 높이는 책이다. 학교에서 겪게 되는 선생님과 나, 나와 친구들 사이의 갈등, 소통과 화해의 이야기를 자신의 학교생활과 연결 지어 읽게 된다.

이 시기 아이늘은 《돼지책》 같은 이야기책을 보면서 다른 사람의 감정을 헤아리고 가족의 의미를 생각해보게 된다. 또 주인공이 불의와 싸우며 온갖 역경을 이겨낸 이야기를 읽으면서 옳고 그른 것을 판단하고 가치 있는 삶을 살아갈 용기와 희망을 얻는다.

5천 년 우리 역사를 그림과 이야기로 읽는 《나의 첫 역사책》 시리즈나 최초의 고생물학자 메리 에닝의 이야기를 담은 《이 뼈를 모두 누가 찾았게?》 같은 지식책은 역사와 과학에 관심을 갖게 하고, 어려운 환경 속에서도 꿈을 이룬 주인공의 노력과 끈기에 감탄하게 만든다.

아이에게 '만화만큼 재미있는 책'이라고 추천해도 아이가 별다른 흥미를 보이지 않는다면, 처음 몇 장을 소리 내어 읽어주자. 엄마 아빠가 재미있게 책을 읽으면 다음 이야기가 궁금해진 아이는 스스로 책을 읽으려 할 것이다. 책을 읽고 간단한 퀴즈 문제를 풀게 해서 이야기책이나 지식책에 흥미를 갖게 해주는 것도 좋은 방법이다. 퀴즈 문제를 맞히는 데서 오는 성취감과 작은 보상은 줄글책에 재미를 붙이게 해준다.

글자를 읽을 수 있는 아이와 함께 읽으면 좋은 책

책 제목	지은이	출판사
가방 들어주는 아이	고정욱 글, 백남원 그림	사계절
건전지 엄마	강인숙, 전승배	창비
기분이 좋아, 내가 나라서	소냐 하트넷 글, 가브리엘 에반스 그림	한울림어린이
거짓말이 뿡뿡, 고무장갑!	유설화	책읽는곰
난민 소녀 주주	치으뎀 세제르 글, 오승민 그림	한울림어린이
누가 초콜릿을 만들까?	이지유 글, 이해정 그림	창비
내가 조금 불편하면 세상은 초록이 돼요	김소희 글, 정은희 그림	토토북
돼지책	앤서니 브라운	웅진주니어
고양이 해결사 깜냥	홍민정 글, 김재희 그림	창비
무릎딱지	샤를로트 문드리크 글, 올리비에 탈레크 그림	한울림어린이
천하제일 치킨쇼	이희정 글, 김무연 그림	비룡소
소원 떡집	김리리 글, 이승현 그림	비룡소
아름다운 가치사전 1, 2	채인선 글, 김은정 그림	한울림어린이
아홉살 마음사전	박성우 글, 김효은 그림	창비
다정한 말, 단단한 말	고정욱 글, 릴리아 그림	우리학교
나는 3학년 2반 애벌레	김원아 글, 이주희 그림	창비
짜장 짬뽕 탕수육	김영주 글, 고경숙 그림	재미마주
종이 봉지 공주	로버트 문치 글, 마이클 마첸코 그림	비룡소

11~13세 독서코칭

혼자서 책을 읽을 수 있는 아이

자아가 발달하는 시기라서 자기가 읽고 싶은 책만 보려고 하거나, 어린이 취급받는 것이 싫어서 혼자 읽겠다고 말하는 아이가 많다. 간혹 엄마와 아빠와 시간을 보내는 것이 좋아서 계속 읽어달라고 요청하는 경우도 있다. 그럴 땐 읽기 능력이나 나이와 상관없이 계속 책을 읽어주는 것이 아이의 정서와 인지 발달에 도움이 된다.

아이가 혼자서 책을 읽더라도 어떤 책을 읽는지 어떻게 읽는지 옆에서 계속 관심을 가질 필요가 있다. 좋아하는 분야만 파느라 책을 가려 읽거나 내용을 제대로 이해하지 않고 글자만 읽는 형편 없는 독서를 할 수도 있기 때문이다. 따라서 이 시기 독서 편식이나 대충 독서가 아이의 습관으로 굳어지지 않게 엄마 아빠가 지속적인 관심과 노력을 기울여야 한다.

본인 소유의 스마트폰을 갖게 되면서 책과 멀어지기 쉬우므로 본격적인 독서교육과 디지털 리터러시 교육이 필요한 시기이기도 하다. 사춘기에 접어드는 아이에게 명령조의 말투나 일방적인 지시는 거부감과 반발심을 키울 수 있으므로 아이의 의견을 최대한 존중하면서 책 읽기의 유익함과 즐거움을 깨닫게 해주는 것이 중요하다.

11~13세
인지 발달

피아제는 11세 이후를 형식적 조작기로 보았는데, 이 시기에는 **추상적** 사고가 발달한다. 눈에 보이지 않는 추상적 개념이나 추상적인 관련성도 이해할 수 있고, 과거와 현재의 경험, 미래지향적 관점도 활용할 수 있다. 체계적이고 과학적인 사고가 가능해져서 문제 해결을 위해 사전에 계획을 세우고, 체계적으로 계획을 실행하는 능력이 길러진다.

어른이 되기 위한 과도기에 접어드는 시기라서 신체뿐만 아니라 어휘력과 학습능력이 급격히 발달한다. 또 자신과 다른 사람들에게 바라는 이상적인 특성에 대해 생각하기 시작한다. 이 시기에는 사고의 폭을 넓힐 수 있도록 문학, 역사, 사회, 경제, 과학 등 다양한 분야의 책이나 한 가지 주제를 깊이 있게 다룬 책, 오랫동안 읽혀온 고전 등을 읽도록 안내해줄 필요가 있다.

11~13세
심리사회 발달

이 시기 아이들은 어린이 취급받는 것을 싫어하고 자신

이 어떻게 행동하든지 어른처럼 대우받기를 원한다. '나는 누구인가?', '나는 왜 살아야 하는가?', '죽음이란 무엇인가?'와 같은 고민이 시작되는 때이기도 하다. 사고력이 한층 자라고 논리가 형성되고 자신만의 생각을 키워나가므로 아이의 의견을 존중해주고 올바른 판단을 할 수 있도록 이끌어줄 필요가 있다. 지식과 논리가 발달하면서 세상일에 관심을 생겨 뉴스를 보기 시작하고 탐정소설이나 추리소설에 빠지기도 한다.

청소년기로 이어지는 중간 단계로 신체와 심리가 빠르게 발달하기 때문에 생물학적으로나 사회·문화적으로 급격한 변화를 겪게 된다. 이 시기 주어진 목표를 달성하면 자신감을 갖게 되고 긍정적이고 성실한 자아를 형성하게 된다. 아울러 또래들과 어울리는 사회 적응 훈련이 잘 이루어지면 유능감을 느끼지만, 관계 형성에 어려움을 겪으면 또래 집단에서 소외감을 경험하며 열등감이 깊어진다. 아이들과 잘 어울리지 못할 때 자신과 비슷한 문제를 안고 있는 또래가 등장하는 성장소설을 읽으면 위로를 얻고 문제를 해결하는 데 도움을 받을 수 있다.

학교 공부가 점점 어려워지면서 학업 스트레스를 경험하게 되는 시기이기 때문에 학교 수업에서 성취감을 느낄 수 있도록 아이 공부에 관심을 기울일 필요가 있다. 그렇다고 초등학교 때부터 책 읽기보다 공부에 비중을 두는 것은 잘못된 판단이다. 책을 읽어야지만 길러지는 문해력은 국어뿐만 아니라 모든 과목에서 가장 기본이 되는 학습역량이다. 학년이 올라갈수록 문해력 수준 차이가 학업성취에 영향을 미치기 때문에 초등학생 때도 책 읽기를 생활화하는 것이 좋다. 그렇게 단단하게 형성된 독서 습관은 아이를 평생 독서가로 살아가게 한다.

스마트폰에서
책으로 관심 돌리기

사춘기에 접어드는 초등학교 고학년 아이들은 자기만의 시간이 필요해 방문을 닫기 시작하고, 자기주장이 강해져 부모와의 갈등이 벌어진다. 이 시기 아이들은 스마트폰으로 영상을 보고 게임을 하는 데 많은 시간을 쓴다. 학교와 학원에서 공부하고 왔으니 집에 있는 자유 시간만큼은 제 마음대로 보내고 싶은 아이와, 몇 시간째 스마트폰만 들여다보고 있는 아이가 답답한 부모 사이 마찰이 갈등의 주요 원인이다.

초등학교 고학년 때부터는 아이들도 할 일이 많아져서 책까지 읽으라고 하면 짜증을 낸다. 어릴 때부터 책 읽는 습관이 잡혀 있지 않은 아이일수록 책을 읽으라는 부모의 말이 잔소리로 들릴 수밖에 없다. 한때 책을 즐겨 읽었던 아이도 스마트폰에 빠져 책을 멀리하는 일이 흔하다. 이런저런 이유로 책에 흥미를 잃어버린 아이에게 다시 책을 읽게 하려면 어떻게 해야 할까?

누가 봐도 매력적인 스토리를 가진 책이나 현재 아이가 관심 있어 하는 주제와 연관된 책을 아이에게 보여주자. 한 번 읽기 시작하면 다음 이야기가 궁금해 책장을 덮을 수 없게 만드는 판타지나 탐정소설은 아이 스스로 책을 펼치게 만든다.

아이마다 재미있다고 생각하는 기준은 모두 다르므로 또래 아이들이 재미있게 읽는 책을 사전에 충분히 검색해보고, 아이의 흥미를 끌 만한 책을 골라 "엄마 아빠가 먼저 읽어봤는데 정말 재미있었어." 하며 자연스럽게 아이에게 소개해주는 것이 좋다. 만약 아이가 게임에 관심이 많다면 유명 게이머가 쓴 책이나 게임 속 세상이 배경인 소설을, 아이돌에 관심이 많은 아이라면 좋아하는 아이돌이 추천한 책이나 아이돌이 주인공인 소설을 보여주면 책 읽기에 재미를 붙일 것이다. 아이가 재미있게 읽었던 작가의 다른 작품을 소개해도 좋다. 예를 들어 권정생 작가의 《강아지똥》을 재미있게 읽었다면 《몽실언니》도 좋아할 수 있다.

책에 흥미를 잃어버린 아이의 손에 다시 책을 들리는 일은 절대 쉽지 않다. 한두 번 해보고 실패했다고 해서 아이에게 책을 소개하는 일을 그만둬서는 안 된다. 아이 스스로 책을 읽게 하려면 엄마 아빠가 꾸준한 관심으로 세심하게 책을 선택해 아이에게 소개해줘야 한다. 초등학교 고학년부터는 학교 폭력이나 아동 학대, 부모님의 이혼, 질병으로 인한 고통, 죽음 등 무거운 소재를 다룬 사실적인 문학 작품들을 만나게 되므로 아이가 소화할 수 있는 내용인지, 좀 더 자라면 읽게 할 것인지를 신중하게 판단해야 한다.

특히 이 시기 아이들에겐 엄마 아빠가 책 읽는 모습을 보여주는 것이 무엇보다 중요하다. 아이가 읽기 독립에 성공하고 아이에게 책을 읽어주는 일이 줄어들면서 엄마 아빠도 책에서 점점 멀어진다. 그러나 논리적 사고가 가능하고 자기주장이 강해지는 초등 고학년 시기에 엄마 아빠는 책을 전혀 안 보면서 자기한테만 책 읽기를 강요한다고 느끼는 순간 독서에 거부감만 생긴다. 엄마 아빠의 잔소리에 마지못해 책을 들어도 읽는 시늉만 할 뿐 대충대충 책장을 넘기고는 다 읽었다고 말한다.

아이가 어렸을 때부터 엄마 아빠가 함께 책을 읽지 않아서 집안에 독서 문화라고 할 게 전혀 없다고 해도 포기하지 말자. 지금부터라도 아이와 함께 책을 읽고 재미있는 책을 소개하고 책을 주제로 이야기를 나누다 보면 아이도 다시금 책을 읽게 된다.

가끔은 익숙한 장소를 벗어나 설레는 기분이 드는 곳에서 책을 읽는 것도 책과 친해지기에 좋은 방법이다. 아이들을 위한 책이 비치된 북카페에 가서 맛있는 음료와 디저트를 즐기며 책을 읽어도 좋고, 캠핑을 가서 온 가족이 모닥불 앞에 모여 책을 읽고 대화를 나누는 것도 좋다. 이런 색다른 경험은 책 읽기에 대한 즐거운 기억을 심어준다.

천천히 반복해서 책 읽기

책을 빠른 속도로 읽는 아이들이 있다. 다음 내용이 궁금해서 일 수도 있고 대충대충 읽는 게 습관이 돼서 그럴 수도 있다. 또 책을 다 읽었다고 하면 부모님이 칭찬해주니까 칭찬을 듣고 싶어서 빨리 읽을 수도 있다. 그러나 자기 속도와 맞지 않게 책을 읽으면 전체적인 줄거리를 기억하는 데는 문제가 없을지 몰라도 책 내용을 깊이 있게 이해하기 어렵다.

조선 후기의 학자 정약용은 유배지에서 아들들에게 보낸 편지에 이렇게 썼다. "내가 몇 년 전부터 독서에 대해 깨달은 것이 많은데, 그저 마구잡이로 읽기만 하면 하루에 백 번 천 번을 읽어도 안 읽은 것과 다를 바가 없다. 무릇 독서할 때 의미를 잘 모르는 글자를 만날 때마다 널리 고찰하고 연구하여 그 근본을 파헤쳐 글 전체를 이해할 수 있어야 한다. 날마다 이런 식으로 책을 읽는다면, 한 권의 책을 읽더라도 수백 권의 책을 엿보는 것이다." 정약용의 이 말은 책을 읽을 때는 꼼꼼하고 자세하게, 글 속에 담긴 숨은 뜻까지 헤아리며 읽어야 한다는 의미다.

읽기 습관이 제대로 형성되기 전에 많은 책을 읽으려고 욕심을 내면 책을 대충 읽게 된다. 물론 속독이 필요한 책도 있다. 그러나 책을 음미하며 읽는 습관을 들이기 전에 읽고 싶은 부분만 골라 읽는 독서가 몸에 배면 깊이 있는 독서를 하기 어려워진다.

문해력 향상을 위해서도 속독보다는 정독을 권한다. 실제로 책을 천천히 읽으면서 모르는 단어를 찾고 책 내용을 가지고 토론하고 글을 짓거나 그림을 그리는 등 다양한 활동을 하며 책 한 권을 온전히 흡수했더니 독서능력이 30퍼센트 이상 높아졌다는 연구 결과도 있다.

무조건 빨리, 많이 읽는다고 아이의 이해력이나 사고력이 발달하는 것은 아니다. 초등학교 때는 다양한 읽기 자료를 정독하고 반복해서 읽는 독서 습관을 길러줄 필요가 있다. 아이가 책 내용을 제대로 이해하고, 그것을 자기 것으로 만들게 하려면 어떻게 할까?

아이가 책에 몰입한 상태로 한 문장 한 문장 음미하며 책을 읽는 습관을 길러주기 위해선 손가락으로 문장을 따라가며 읽거나 소리 내어 읽게 하는 것이 좋다. 손가락으로 밑줄을 그으면 눈보다 손가락이 느리게 움직이므로 줄거리만 파악하고 무심코 지나치려는 시선의 속도를 늦춰준다. 소리를 내어 읽으면 발음과 끊어 읽기에 주의를 기울이게 돼서 읽는 속도가 느려질 수밖에 없다. 또 낭독朗讀은 눈과 입, 귀를 동시에 사용하여 읽기 때문에 책 내용을 더욱 오랫동안 기억할 수 있다.

책을 읽을 때 좋아하는 글귀에 밑줄을 긋거나 그때그때 떠오른 생각을 적는 것도 깊이 있는 독서를 하기에 좋은 방법이다. 새로 알게 된 어휘, 감동을 주는 문장, 기억하고 싶은 글귀에 밑줄을 긋고 노트에 옮겨 적거나 사진을 찍어 독서 앱이나 SNS에 올려두면 다음에 두고두고 볼 수 있다. 이렇게 문장에 밑줄을 긋거나 옮겨 적으면서 읽으면 당연히 책을 음미하면서 읽게 된다.

맘에 드는 글귀를 옮겨 적는 필사는 어휘력, 이해력, 사고력, 집중력 발달에 도움을 준다. 또 문장을 따라 적으며 마음을 차분히 가라앉히는 시간도 가질 수 있다. 필사한 문장 아래에 자기만의 느낌과 생각을 적어두면 더 좋다. 글쓰기에 부담을 느낀다면 기억하고 싶은 글귀를 녹음하는 것도 좋다.

조선 시대 학자 율곡 이이는 "책을 읽을 때는 반드시 한 가지 책을 습득하여 그 뜻을 모두 알아서 완전히 통달하고 의문이 없게 된 다음에야 다른 책을 읽을 것이요. 많은 책을 읽어서 많이 얻기를 탐내어 부산하게 이것저것 읽지 말아야 한다."라며 책을 반복해서 천천히 읽고 내용을 온전히 이해할 것을 강조했다.

책을 여러 번 읽으면 처음에는 보이지 않았던 것들이 보인다. 처음 읽었을 때 주인공이 왜 그런 행동을 했는지 의아했다면, 두 번째로 읽었을 땐 주인공의 숨겨진 감정을 느낄 수 있게 되고, 세 번째로는 주인공을 둘러싼 주변 인물들의 마음까지 이해할 수 있게 되는 식이다. 이렇게 한 권의 책을 읽고 생각하고, 또 읽고 생각하며 샅샅이 파헤치며 읽어야 책 내용을 온전히 흡수하여 생각하는 근육이 단단해진다.

사고력을 키우는 질문 주고받기

아이와 이야기를 나누며 책을 읽는 시간은 아이가 책에서 무엇을 배웠는지 확인하는 시간이 아니라, 생각하는 힘을 길러주는 시간이다. 또 자신이 무엇을 모르고 무엇을 더 알고 싶은지 확인하는 시간이기도 하다.

따라서 책을 읽고 엄마 아빠가 질문을 던졌을 때 아이가 머뭇거리나 바른 답을 말하지 못한다고 해서 아이를 다그치거나 정답을 말해버려선 안 된다. 조금 답답하더라도 아이에게 충분히 생각할 시간을 주고 스스로 답을 찾게 해야 한다. 아이가 잘 모르겠다고 하면 책을 다시 읽게 하거나 인터넷 검색을 통해 답을 함께 찾아보는 것도 좋다.

질문의 유형은 크게 '사실 확인 질문'과 '상상하기 질문'으로 나눌 수 있다. 《아기 돼지 삼형제》를 읽고 "막내 아기 돼지가 지은 집의 형태는?"이라고 묻는 것이 사실 확인 질문이고, "막내 아기 돼지가 벽돌집이 아니라 다른 집을 지었다면?"이라고 묻는 것이 상상하기 질문이다. 책대화를 할 때는 사실을 묻는 단답형 질문으로 시작하여 상상력을 발휘하는 질문으로 이어가는 것이 좋다.

엄마 아빠가 간단한 질문에서 아이의 생각을 묻는 깊이 있는 질문으로 책대화를 이끌어가면 어느 순간 아이도 질문을 만들어내서 엄마 아빠의 생각을 묻는다. 다른 사람이 어떻게 생각하는지 확인하고 자기 생각과 비교하며 사고의 폭을 넓혀간다.

좋은 질문은 아이의 호기심을 자극하고 동시에 자신이 모르는 것과 알고 싶은 것을 발견하게 한다. 사실 확인 같은 단답형 질문이 아니라 상상력을 발휘할 수 있는 질문을 던지면 아이들은 책 읽기에 더 주도적으로 참여한다. 질문을 깊이 생각하고 자신만의 답을 구하다가 스스로 질문을 만들어낸다. 좋은 질문을 만들어내고 그 질문에 스스로 답하는 연습은 사고력과 문제해결력을 한 차원 높은 수준으로 끌어올린다.

상대성 이론을 발표해 역사상 가장 위대한 과학자로 불리는 아인슈타인은 '뉴턴의 물리학을 넘어서는 나만의 물리학은 무엇인가?'라는 질문을 스스로에게 던졌고, 이에 대한 해답으로 상대성 이론을 탄생시켰다. 프로이트는 '무엇이 인간의 마음을 지배하였는가?'라는 질문에 답하여 무의식과 정신분석의 길을 열었고, 혁신의 아이콘으로 불리는 스티브 잡스는 매일 아침 자신에게 '오늘이 인생의 마지막 날이라면 원래 계획했던 일을 할 것인가?'라고 물었다고 한다.

생각의 폭을 넓히고 상상력을 발휘해야 하는 질문에 정답은 존재하지 않는다. "주인공이 한 말 중에서 가장 기억에 남는 말은 뭐야?", "친구에게 이 책을 추천한다면 누구에게 추천해주고 싶어? 왜 그 친구에게 추천해주고 싶어?", "책을 읽고 어떤 감정이 들었어? 무서웠어? 슬펐어? 즐거웠어? 아니면 다른 감정이 느껴졌어? 그렇게 느낀 이유는 뭘까?"와 같이 열린 질문을 아이에게 던져보자.

아이와 풍부한 대화를 할 수 있는 질문의 유형에는 등장인물이나 줄거리, 이야기의 배경을 활용한 '육하원칙' 질문, 상황을 가정해 상상력을 동원하는 '만약에' 질문, 자기 생각을 표현하는 '느낌'과 '감정'을 묻는 질문 등이 있다.

'육하원칙' 질문

"어린 왕자는 언제 사막에 도착했어?", "어린 왕자는 어디에서 살았어?", "어린 왕자는 무엇을 사랑했어?", "여우는 사막에서 누구를 기다렸어?", "장미는 어떻게 피어났어?", "어린 왕자는 왜 지구를 떠났을까?"와 같은 육하원칙 질문은 아이가 책을 자세히 읽고, 스스로 내용을 정리하도록 돕는다.

'만약에' 질문

'만약에'는 익숙한 생각에서 벗어나 상상력을 마음껏 발휘하도록 돕는 질문이다. "만약에 백설공주가 사과를 먹지 않았다면 왕비는 어떻게 했을까?", "만약에 책 먹는 여우가 작가가 되지 않았다면 무엇이 되었을까?", "만약에 내가 책 먹는 여우라면 무슨 책을 먹는 것을 좋아할까?"와 같은 질문은 아이의 생각을 확장시킨다. '만약에' 같이 상상력을 자극하는 질문을 하면 아이와 무궁무진한 대화를 나눌 수 있다.

'느낌'을 묻는 질문

오감을 활용하는 질문을 던지면 좋다. 예를 들어 《꽃들에게 희망을》이란 책을 아이와 함께 읽고 나서 "이 책에서 나비는 무슨 색이야?", "애벌레를 만지면 어떤 느낌일까?", "나비가 된 노란색 애벌레는 줄무늬 애벌레를 만났을 때 어떤 기분이었을까?"처럼 시각, 촉각 등과 같은 오감과 관련한 질문을 던지면 자신이 느낀 점을 자세히 표현하기가 훨씬 수월하다.

'감정'을 묻는 질문

감정이라는 것이 복잡한 개념이라서 현재 자신이 느끼는 감정을 제대로 알고, 이를 정확히 표현하기 상당히 어렵다. 따라서 엄마 아빠가 먼저 "이 책을 읽고 마음이 너무 아파서 눈물이 났어. 너는 어때?"라는 식으로 감정 표현의 예시를 들어준 다음에 아이에게 지금 어떤 기분이 드는지 물어보는 것이 좋다. 또 감정 단어카드나 감정을 주제로 한 책을 보여주면 구체적으로 감정을 표현하는 데 도움이 된다.

엄마 아빠가 아이와 함께 질문을 만들고 이야기를 나누는 과정에서 아이의 사고력과 문해력이 자란다. 질문을 어떻게 만들어낼지 모르겠다면 다음 양식을 참고해 생각의 폭을 넓혀줄 수 있는 질문을 작성해보자.

질문 만들기 양식

책 제목	
작가/출판사	
책 읽은 날짜	
호감도(별 5개)	
소감 한 줄	
내용 확인 질문	
상상하기 질문	

생각을 확장하는
다양한 독서 활동

다양한 독서 활동은 아이들의 흥미를 불러일으키고 책 읽기를 즐거운 놀이 활동으로 만들어준다. 꼭 독서 전, 중, 후로 나눠서 틀에 짜인 활동을 할 필요는 없다. 평소에 아이가 좋아하는 놀이를 활용해보자.

그리기를 좋아하면 책을 읽고 그림을 함께 그리고, 말하기를 좋아하는 아이는 말할 기회를 충분히 주고 인내심 있게 기다려주면 된다. 말로 표현하는 것이 서툰 아이는 생각을 글로 써보면서 자기 생각을 정리할 시간을 주는 것이 좋다. 한 차례 글로 정리한 다음 말로 표현하게 하면 말하기를 어려워하는 아이도 자신의 생각을 논리정연하게 밝힐 수 있다.

아이가 영상을 좋아하면 책을 소재로 한 영상을 보여주거나 다양한 상호작용이 가능한 전자책을 보여주자. 디지털 콘텐츠로 만난 책에 대한 관심과 흥미는 나중에 종이책으로 이어진다.

다양한 독서 활동 예시

활동	활동 주제	대상 및 유의점
표지 탐색	① 표지 그림 보며 이야기 나누기 "누가 있어? 무슨 색이야?" 등 ② 제목 보면서 이야기 나누기 "(제목만 보고) 무슨 이야기일 것 같아?" ③ 책에 나올 것 같은 단어 5개 말해보기	모든 아이
그리기	① 주인공 그리기 ② 책 표지 꾸미기 ③ 인상 깊은 장면 그리기 ④ 마인드맵 그리기 ⑤ 만화 그리기	유아, 초등 저학년
말하기	① 그림 보면서 이야기 나누기 "이 사람은 왜 이렇게 행동했을까?" "너라면 어떻게 했을 거 같아?" ② 책 평가하기 "제 점수는 별 5개 중 3개예요. 그 이유는…." ③ 감정 단어카드 보면서 감정 표현하기 ④ 인물의 성격 이야기하기 ⑤ 등장인물의 마음이 드러나는 표현 찾기 ⑥ 주요 내용 파악하기 "《소나기》에서 소녀가 좋아한 꽃은 무엇일까?" ⑦ 인물의 관계에 관해 이야기하기 "《어린 왕자》에서 여우와 어린 왕자는 어떤 관계일까?" ⑧ 다음 내용 예측하기 "《큰일이 났다》에서 너구리가 범인인 걸 안 호랑이는 어떻게 했을까?"	말하기를 좋아하는 아이

⑨ 시를 읽으며 말놀이하기
⑩ 낯선 단어를 찾아서 뜻 말하기
⑪ 역할극 놀이
⑫ 속담 맞추기 놀이
⑬ 주인공이나 작가 인터뷰하기
⑭ 독서 토론하기
⑮ 가족에게 이야기 들려주기
⑯ 독서 퀴즈 풀기
⑰ 가족에게 감동적인 글귀 읽어주기
⑱ 깨달은 점, 새롭게 알게 된 점을
　이야기하기
⑲ 책을 읽고 떠오른 사람 말하기
⑳ 이야기와 '나'를 연결 지어 말하기

글쓰기	① 느낌이나 생각 적기 ② 작품 일부분 고쳐 쓰기 ③ 뒷이야기 이어 적기 ④ 작가에게 편지 쓰기 ⑤ 친구에게 책 추천하는 글쓰기 ⑥ 등장인물이나 작가에 대한 기사 쓰기 ⑦ 감동적인 문장이나 글귀 옮겨 적기 ⑧ 빈칸 채우기 퀴즈 풀기	아이에게 부담이 되지 않는 선에서 활동하기
만들기	① 작은 책 만들기 ② 독서 신문 만들기 ③ 낱말 퍼즐 만들기 ④ 책 광고 만들기 ⑤ 상장 만들기 ⑥ 독서 퀴즈 만들기	

책 선택하기
고전과 교과서 수록 도서

책을 읽고 이야기를 나눌 때, 아이가 책 내용을 잘 이야기하지 못하고 기억이 잘 안 난다고 하면 책이 어려워서일 수도 있으니, 주의 깊게 살펴볼 필요가 있다. 그럴 땐 나이에 맞는 책 대신에 조금 쉬운 책을 보여주는 것이 좋다. 쉬운 책으로 재미있게 완독한 경험이 쌓이게 해서 책에 흥미를 갖게 하는 것이 중요하다.

아이가 책 읽기에 어느 정도 재미를 붙였다면 생각의 폭을 넓힐 수 있는 다양한 주제를 다룬 책들과 만나게 해주는 것이 좋다. 학습만화에만 빠져 있는 아이에게는 판타지나 추리소설을 보여줘서 이야기책이 주는 재미와 즐거움을 알게 해주고, 이야기책만 좋아하는 아이에겐 재미있는 역사서나 과학서를 소개해줘서 다양한 분야에 관심을 갖도록 도와주자. 인문 고전은 단어가 생소하고 글에 담긴 의미를 헤아리기 어려울 수도 있지만, 아이의 지적 욕구를 자극하여 새로운 지식을 얻는 즐거움을 경험할 수 있다.

평소 아이가 잘 읽지 않는 분야의 책을 추천할 때는 현재 아이가 관심을 보이는 주제와 연관된 책을 고르는 것이 좋다. 이야기만으로 충분히 재미가 있어서 몰입할 수 있는 책이면 더 좋다. 아이에게 어떤 책을 소개해줘야 할지 잘 모르겠다면 우선 교과서에 실린 도서를 참고하여 이와 비슷한 갈래의 책들을 보여주는 것이 좋다.

5학년 교과서 수록 도서인《빨강 연필》은 무엇이든 술술 써지는 빨강 연필을 갖게 된 민호가 비밀과 거짓말 사이에서 고민하는 모습을 실감 나게 그리고 있다. 주인공처럼 인정받고 싶은 욕구가 강한 초등 고학년 아이들에게 색다른 재미를 선사한다.《갈매기에게 나는 법을 가르쳐준 고양이》는 고양이가 친구 갈매기와의 약속을 지키기 위해서 새끼 갈매기를 가르치면서 고군분투하는 모습을 통해 우정의 의미와 소중함을 되새기게 해주는 책이다.

이야기책을 잘 읽는 아이들에게는 고전을 천천히 읽게 하는 것도 좋다. 무게감 있는 고전을 읽을 때는 다소 시간과 노력이 필요하지만, 읽고 나면 여운이 오래 간다.

초등학생들의 필독서가 된《샬롯의 거미줄》은 1952년

출간되어 지금까지 사랑받고 있는 어린이 고전으로 미국 문화예술 아카데미협회에서 수여하는 문학 비평 금메달과 뉴베리 아너 상을 받은 책이다. 샬롯이라는 거미가 돼지 윌버를 도와주고 우정을 키우며 삶을 의미 있게 살아가고자 하는 모습을 담고 있다. 《몽실언니》는 1984년에 처음 출간된 작품으로 세대를 뛰어넘어 진한 감동을 주는 책이다. 한국전쟁 전후를 배경으로 어린 몽실이가 부모를 잃고 동생 난남이를 키우는 이야기로 전쟁과 가난 속에서도 굳건히 피어나는 삶을 아름답게 그려낸 걸작이다.

《어린 왕자》는 다른 별에서 온 어린 왕자의 순수한 시선으로 모순된 어른들의 세계를 돌아보게 한다. 프랑스의 비행사이자 작가인 앙투안 드 생텍쥐페리가 1943년 발표한 소설로 B-612라는 소행성 주인인 어린 왕자가 지구별을 여행하는 이야기가 펼쳐진다. "만약 네가 오후 4시에 온다면, 나는 3시부터 행복해지기 시작할 거야.", "네 장미꽃이 그렇게 소중한 건 그 꽃을 위해 네가 공들인 시간 때문이야."라는 명대사도 만날 수 있다.

아이가 긴 호흡을 가진 장편소설을 읽는 것을 부담스러워하면 단편소설을 먼저 읽게 해주면 좋다. 단편소설은 책 한 권에 여러 편이 수록되어 있으므로 줄글책 읽기에 부담을 느끼는 아이들이 마음 편하게 읽을 수 있다. 단편소설인 《꿈을 찍는 사진관》은 어린 시절 소중한 추억을 꿈에서 만나게 되는 이야기로 추억의 소중함과 이별의 아쉬움을 그린 책이다. 《톨스토이 단편선》은 마음이 따뜻해지는 톨스토이의 인생 철학이 담겨 있는 책이다. 특히 《사람은 무엇으로 사는가》는 사람의 마음속에는 사랑이 있고, 사람은 바로 그 사랑으로 살아간다는 깨달음을 안겨 준다.

˚TIP 어린이 독서 전략

- 재미있는 이야기책 판타지, 탐정소설 읽기
- 옛이야기와 고전 읽기
- 아동 스테디셀러 인문 고전, 단편소설 읽기
- 역사, 사화, 과학 분야의 지식책 읽기
- 엄마 아빠가 먼저 읽고 아이에게 책 소개하기
- 책 읽고 대화하기 질문 준비하기
- 책 내용과 관련해 간단한 퀴즈 게임 즐기기
- 새로 알게 된 단어 찾아보기
- 좋아하는 작가의 다른 책 읽기
- 새로 배운 점, 느낀 점, 깨달은 점에 관해 이야기 나누기
- 연필이나 색연필로 책에 메모를 하고 색질하며 읽기
- 더 읽으라고 강요하지 말기
- 읽은 책 목록을 만들어 잘 보이는 곳에 붙이기

- 노트에 인상적인 글귀 옮겨 적기
- 쓰는 것을 싫어하는 아이라면 필사 대신에 녹음이나 촬영하기
- 이야기가 지루하면 책을 그만 읽는 것을 히용하기
- 책을 읽으면 TV나 스마트폰을 보여준다고 하지 말기
- 조용히 혼자 책을 읽기 원하면 허용하기
- 질문 만들기 콘테스트 하기
- 책을 읽고 아이와 토론하기
- 아이와 목표 독서량을 정하고, 달성하면 보상주기

혼자서 책을 읽을 수 있는 아이가 읽으면 좋은 책

책 제목	지은이	출판사
빨강 연필	신수현 글, 김성희 그림	비룡소
갈매기에게 나는 법을 가르쳐준 고양이	루이스 세뿔베다 글, 이억배 그림	바다
꿈을 찍는 사진관	강소천 글, 김영주 그림	재미마주
꽃들에게 희망을	트리나 폴러스	시공주니어
긴긴밤	루리	문학동네
내가 나인 것	야마나카 히사시	사계절
마당을 나온 암탉	황선미 글, 김환영 그림	사계절
마음의 온도는 몇 도일까요?	정여민 글, 허구 그림	주니어김영사
말힘·글힘을 살리는 고사성어	장연	고려원북스
명심보감	추적 편저	홍익출판사

책 읽기는 문해력의 친구

요즘 문해력을 키워준다는 학원이나 학습지가 봇물을 이루지만, 예나 지금이나 문해력을 키우는 데는 책 읽기만 한 것이 없다. 어릴 때부터 단단하게 자리 잡은 독서 습관이 문해력의 밑거름이 되기 때문이다.

문제는 볼거리와 놀거리가 부족해 책 읽을 시간이 많았던 예전과는 달리, 요즘 아이들은 심심할 틈이 없다는 데 있다. 재미있고 손쉽게 볼 수 있는 미디어 콘텐츠들이 즐비한 상황에서 아이들을 책과 친해지게 만드는 일은 갈수록 어려워지고 있다. 내 주변에서도 스마트폰에 빠져 책과는 담을 쌓은 아이에게 어떻게 책을 읽힐 것인가 하는 고민으로 상담을 요청하는 부모님들을 자주 만난다. 나 역시 어떻게 하면 책 읽는 즐거움이 계속 유지될지 고민하며 두 아이를 키우고 있다. 이 책은 그런 고민에 답하기 위한 결과물이다.

처음부터 끝까지 이 책을 읽은 분이라면 아이가 책과 친해지려면 부모의 적극적인 노력이 필요하다는 이야기는 이제 외울 정도로 익숙할 것이다. 수많은 노력 가운데서도 엄마 아빠가 아이와 함께 하루도 빠짐없이 책을 읽는 것이 가장 중요하다는 사실도 말이다. 이 책을 읽고 아이고 어른이고 스마트폰만 들여다보느라 침묵만 감돌았던 집안에 변화가 일어나 아이와 함께 책을 읽기 시작했다면 더 이상 바랄 게 없을 것 같다. 온 가족이 책을 사랑하고, 책 읽는 문화가 가정에 꽃 피우길 진심으로 바란다.

　마지막으로 내가 책을 좋아하는 아이로 자랄 수 있도록 애써주신 부모님께 감사드리고, 어린 시절 책을 읽어주면 행복하게 잠이 들곤 했던 연우, 시우와 늘 나를 지지하고 응원해주는 은쉬에게 사랑한다는 말을 전한다.

문해력을 키우는
알파세대 독서법

스마트폰 대신 책에 스며들기

글쓴이 박희정
펴낸이 곽미순   **편집** 박미화   **디자인** 이순영

펴낸곳 ㈜도서출판 한울림   **편집** 윤소라 이은파 박미화
디자인 김민서 이순영   **마케팅** 공태훈   **경영지원** 김영석
출판등록 1980년 2월 14일(제2021-000318호)
주소 서울특별시 마포구 희우정로16길 21
대표전화 02-2635-1400   **팩스** 02-2635-1415
블로그 blog.naver.com/hanulimkids
페이스북 www.facebook.com/hanulim
인스타그램 www.instagram.com/hanulimkids

첫판 1쇄 펴냄   2023년 7월 3일
ISBN 978-89-5827-146-8   13590